U0017756

自由研究
創意盒

我有
想法啦!!

【角色原作】**藤子·F·不二雄** 　【審訂】**村山哲哉**（日本文部科學省教科調查官）

自由研究

認識自己與世界，享受更快樂、更豐富的時間

為什麼在日本每次放暑假或寒假，學校出的作業一定會有「自由研究」呢？這是因為研究需要投入時間，還需要很多點子與資料。

有時候靈感說來就來，有時候絞盡腦汁也想不出任何創意。通常習慣在生活中觀察各種奇妙現象的人，很快就能想到新奇點子；平時對周遭事物漠不關心的人，則要花很多時間創意發想。

無論遇到哪一種情形，都必須投入時間思考。

此外，做研究的人與聽取說明的人也需要參考資料。研究最重要的是證明自己的論點，你收集的參考資料就是證據，必須讓所有人看到資料

2

內容，接受你的論點。無論是收集資料或製作成品，都需要時間。如果自己對成品不滿意，就必須重做一次或替換內容，以上種種的付出，能讓各位的自由研究從無到有，最後做出具體可見的成果。

衷心希望各位一邊閱讀本書，一邊思考「自由研究」的主題，尋找方法，有助於各位製作成品。

接著，請與哆啦Ａ夢一起思考「自由研究」，想出更多創意點子吧！

日本文部科學省教科調查官　村山哲哉

3

目錄

自由研究該怎麼做？

什麼是自由研究？

※啾啾

我想做一張地區生物探險地圖。

我要去採集昆蟲！

我想將真花做成押花，製作植物圖鑑。

大雄，你想做什麼？

咦？

我……

我還沒想到要做什麼。

我回家後先跟哆啦A夢商量再決定。

※哈哈哈

暑假的自由研究要做什麼呢？

我回來了！

太好了，再來再來！

大雄，你是不是在煩惱，暑假的自由研究要做什麼呢？

真羨慕哆啦A夢，每天都在放暑假。

不用寫作業，也沒有自由研究……

嗯？

※咕嚕

10

該如何進行自由研究？

你這樣永遠都不會知道要做什麼！

一邊午睡一邊想主題好了！

我還是不知道要做什麼啊……

※呵啊

只是給你靈感而已啦！沒有人能幫你做自由研究，只能你自己做！

哆啦A夢要幫我做自由研究嗎？

太好了！

真拿你沒辦法！還是給你一點靈感好了。

14

※飛走

啊啊啊！

做好了，成果如何啊？

哇！好涼哦！

※呼

試用後找出可以加強的地方，進行改良。

嗯嗯。

竹蜻蜓

對了！

把螺旋槳加大一點！

還要增加葉片數量！

※氣喘吁吁

要不要找個主題調查一下呢？像是……

查資料太簡單了，只要上網或是到圖書館，借圖鑑來抄一下就好！

竹蜻蜓的葉片數量維持現狀就好……

※專心抄寫

※打呵欠

觀察牽牛花

早上好想睡……

你必須親眼看、開口問、動手查，這樣才對！

你那樣只是抄寫，根本不是研究！

還要親眼看、開口問、動手查……

15

這樣吧，我們來做實驗，怎麼樣？

我很喜歡做實驗，可是也會遇到不順利的時候……

雖說做實驗很有趣，但我根本不知道要調查什麼，要做什麼實驗……

做實驗前要先決定調查主題，縮小調查範圍，這一點很重要。

假設你要調查植物，每種植物都有不同特性，所以你必須先決定要做實驗調查哪種植物的什麼特性。

在花店買切花的時候，有些店家會附贈保鮮劑，延長鮮花的壽命。

只要從這一點切入，就能將研究主題鎖定在調查「延長切花壽命的魔法水到底放了什麼？」。

這個研究主題相當明確。

花店

魔法水

※加入水裡的物質、分量與濃度等條件，會影響花朵從盛開到枯萎的天數，各位不妨多加嘗試。

一起來思考

該如何統整研究內容？

然後……

那個……

如此一來……

看樣子我的自由研究應該能順利完成……可是開學後，我還要上台發表研究成果，現在想到就害怕……

※手忙腳亂

製作標本與工作成果

統整在海報紙上

叫聲調查

調查內容統整在一張紙上，一目了然！

統整在剪貼簿或筆記本上

為了讓發表過程更順利，一定要簡單扼要的統整觀察和實驗結果，像這樣……

實物更具有說服力！

可依序記錄觀察現象與心得。

清楚明瞭的海報紙統整法

我們身邊的水溶液調查報告

〇年〇班〇〇〇〇〇

研究動機

在學校上自然課接觸到石蕊試紙，我想自己做做看。除了石蕊試紙之外，或許具有類似性質的試紙也都能自己做。

研究方法

從花朵等物質製作各種試劑，藉此調查酸鹼值。

從結果可以得知……

試液的酸鹼值（酸性、鹼性或中性）會使試劑顏色產生各種變化。

參考書籍

· 《酸性、鹼性書籍》
· 《水溶液的有趣性質》
· 《石蕊試紙Q&A》

研究結果

試劑＼水溶液	酸性	中性	鹼性
牽牛花（紅色花瓣）	紅色	紫～藍紫色	黃色
一串紅（紅色花瓣）	橘色	褐色	黃色
大花三色菫（黃色花瓣）	粉紅色	藍色	黃色

● 研究主題
字寫大一點、清楚一點。

● 研究動機
寫下你想研究該主題的原因。

● 研究方法
寫下你是用什麼方法、依照什麼順序調查，以及使用哪些工具。

● 研究結果
簡單扼要的寫下調查結果。

● 從結果可以得知……
寫下你從結果得到的心得與感想。

● 參考書籍
寫下參考書籍、利用的公共資源或給予建議的人。

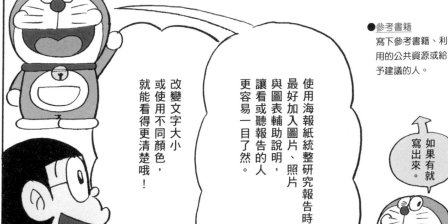

使用海報紙統整研究報告時，最好加入圖片、照片與圖表輔助說明，讓看或聽報告的人更容易一目了然。

改變文字大小或使用不同顏色，就能看得更清楚哦！

如果有就寫出來。

一目了然的海報紙摘要法

❹使用彩色筆、色筆或色鉛筆寫清楚一點。

我們身邊

溶

❶首先決定整體版面（各區塊）。

先用小尺寸的紙張規劃，就很容易決定各區塊內容。

我們身邊的

好淡哦！線條

❸畫上淡淡的橫線，避免文字歪斜。

❷將版面（各區塊）內容寫在海報紙上。

先用鉛筆寫淡一點。

版面設計

引人入勝的簡報技巧

❸回答同學的問題

❷提高音量
一字一句說清楚

❶事先想好說話順序

發表時間有限，無須全部說完，讓同學提問回答問題，也是很好的做法。

不要盯著海報紙說話，
偶爾轉身看著講台下的同學，對著他們說話。

不要單純朗誦寫好的資料，不妨拿出實物展示，利用照片或圖片說明，更能引人入勝。

請說！

我有問題！

ラィー

※緊盯

自由研究要做什麼？

地球每天24小時自轉一圈（360°），
以360°÷24小時來換算，
在人類眼中，太陽每小時移動15°。

地球大約二十四小時自轉一圈，同時圍著太陽繞行。因此，生活在地球上的人類會看到太陽由東往西移動。

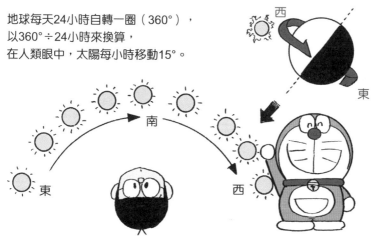

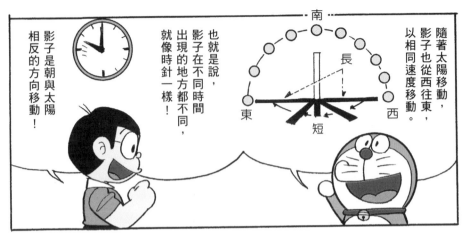

隨著太陽移動，影子也從西往東，以相同速度移動。

也就是說，影子在不同時間出現的地方都不同，就像時針一樣！

影子是朝與太陽相反的方向移動！

你的觀察很敏銳！日晷就是利用這個原理做出來的東西。

哇！看影子位置就知道現在幾點。

※噹、噹

我也想做日晷……

……就能這樣用……

啊，八點了！該出門囉！

換個時鐘就能早起嗎？

24

一起來做日晷！

189頁的日晷用紙

材料 | 189頁的日晷用紙、厚紙板、竹籤、洗衣夾、透明膠帶

時鐘面板

 竹籤 洗衣夾 透明膠帶

厚紙板　指南針

❶剪下189頁的日晷用紙，再沿著時鐘面板剪開，黏在厚紙板上。

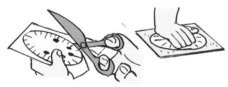

❷以厚紙板做出底座。

與時鐘面板的直徑等長

將❶與❷分成兩等分，往前對折。

這個角度的大小與自家所在區域的緯度相同。例如：
札幌為43°、
仙台為38°、
東京為35°、
大阪為34°、
鹿兒島為31°、
那霸為26°。
（※請自行調查自家所在區域的緯度）

❸在步驟❶做好的時鐘面板中心開洞，插入竹籤。用透明膠帶，將竹籤固定在底座上。

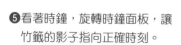

❹使用指南針，讓時鐘面板朝向正北方。

北 ← 　南

❺看著時鐘，旋轉時鐘面板，讓竹籤的影子指向正確時刻。

再往右……往左一點！

現在怎麼樣，大雄？

←指南針

製作太陽能熱水器！

我知道了，只要利用陽光就能煮熱水！

將裝了水的鍋子放在這裡。

※閃亮發光

※喀噠

30分鐘後……

※試水溫

水只有變熱一點點而已……

大雄，水滾了嗎？

用鏡子聚光，讓更多陽光照射鍋子就可以了。

對耶！這個方法看來可行哦！

可是，這裡沒有鏡子啊……

大雄，這一切都是你造成的！

你要想辦法啊！

哆啦A夢……

好啦，我知道了，我來想辦法！

製作太陽能熱水器！

大家一起
做做看！

| 材料 | 寶特瓶（2L）、放得下寶特瓶的箱子、黑紙、毛巾、鋁箔紙、保鮮膜、透明膠帶 |

❶以黑紙貼住寶特瓶（2L）表面。

❷在放得下2L寶特瓶的箱子鋪上毛巾，再鋪上一層鋁箔紙。

❸將裝滿水的寶特瓶放入箱子裡。

❹以保鮮膜封住箱子。

※拉開

〈一起來實做〉
將放入寶特瓶的箱子放在陽光直射的地方，調整箱子角度，使陽光直接照射寶特瓶。

〈一起來驗證〉
另外準備貼白紙和不貼紙的寶特瓶，比較三者加熱方法的差異。

利用太陽能熱水器將水煮沸！

溫度	時間	溫度
20℃	30分	75℃
0℃	40分	80℃

四十分鐘就上升至攝氏八十度！

水溫好高啊……

喂，大雄，快給我們吃飯啊！

我們要吃飯！

哦，對了。我用這些熱水煮水煮蛋！

製作寶特瓶顯微鏡

這裡是日本最北邊的動物園，旭山動物園。

旭山動物園最有名的就是「行動展示※」，在這裡可以欣賞到各種動物原本的模樣。

※「行動展示」＝打造讓動物舒適生活的環境，充分展現動物原有的能力與習性，讓民眾欣賞動物真實樣貌的展示方法。

※呼嚕

園內還有圓柱型水族箱，民眾可以欣賞海豹垂直游泳的模樣。

好棒哦！

咦？隔著水族箱看站在海豹對面的小夫，感覺好奇怪哦！看起來變好胖呢！

你隔著這個看小夫。

寶特瓶

光線折射放大小夫的影像。

不是變胖了小夫，是光線折射放大小夫的影像。

光線折射？聽起來好難哦……

我沒有變胖！

哈哈哈，跟剛剛隔著水族箱一樣，小夫看起來也變胖了。

這是因為裝了水的寶特瓶會發揮跟鏡片一樣的功效。

我不懂，為什麼隔著寶特瓶會看到不同的小夫呢？

咦？這樣看的時候，小夫上下顛倒耶！

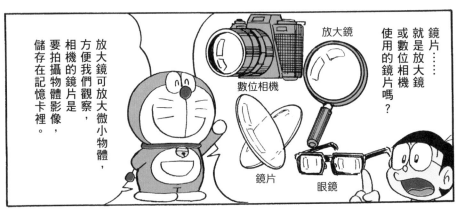

放大鏡可放大微小物體，方便我們觀察，相機的鏡片是要拍攝物體影像，儲存在記憶卡裡。

數位相機

放大鏡

鏡片

眼鏡

鏡片……就是放大鏡或數位相機使用的鏡片嗎？

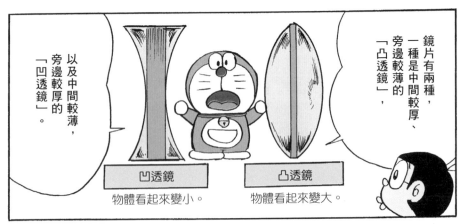

以及中間較薄，旁邊較厚的「凹透鏡」。

鏡片有兩種，一種是中間較厚、旁邊較薄的「凸透鏡」，

凹透鏡	凸透鏡
物體看起來變小。	物體看起來變大。

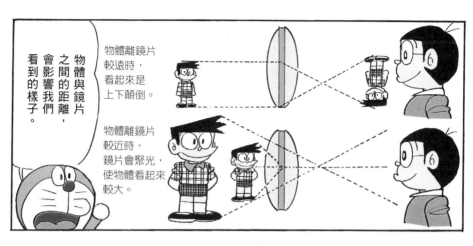

物體離鏡片較遠時，看起來是上下顛倒。

物體離鏡片較近時，鏡片會聚光，使物體看起來較大。

物體與鏡片之間的距離，會影響我們看到的樣子。

不行！不可以將具有鏡片功能的物體對著太陽，陽光會照射到眼睛，導致眼睛受傷！所以千萬不能這麼做！

哎呀！

這就是小夫的臉一會兒上下顛倒，一會兒變大的原因。

顯微鏡 ←

望遠鏡 →

沒錯！許多工具都用到鏡片，將鏡片成像的機制運用在不同地方！

說到放大微小物體的工具，有顯微鏡和望遠鏡，這些也都使用鏡片嗎？

我們身邊有些物品也具備跟鏡片一樣的功能，像是彈珠或串珠！

我也想利用鏡片的成像機制做點什麼。

可是……買得到鏡片嗎？

真的嗎？那就可以拿彈珠或串珠替代鏡片了！

哆啦A夢，你待會兒可以變出許多彈珠吧？交給你囉！

什麼？

※開心哼歌

我想用彈珠製作顯微鏡，觀察各種微小物體……

大雄怎麼了？

36

製作寶特瓶顯微鏡

材料	寶特瓶（500ml）、透明膠帶、透明彈珠 （直徑2～3mm的無孔玻璃製彈珠）

❶在寶特瓶瓶蓋開一個比彈珠
　小一圈的洞。

比彈珠小一圈的洞

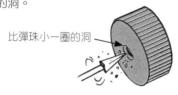

❷從瓶蓋內側用彈珠塞住洞，
　以透明膠帶固定。

透明膠帶

瓶蓋

❸在距離開口數公分處，用鋸子切開寶特瓶。

❹利用切開的下半部寶特瓶，
　切割出一塊長1.5cm、寬
　2cm的長方形，當成載玻片
　使用。

〈實際用用看〉
觀察洋蔥的薄皮。

剝下洋蔥薄皮。

將薄皮放在載玻
片上，以透明膠
帶黏住固定。

固定在寶
特瓶上。

將顯微鏡朝著
明亮處，一邊
拴緊瓶蓋，一
邊對焦。

※請勿直接對著太陽看！

實做篇①「製作」

製作超級彈力球火箭

哆啦Ａ夢，為什麼火箭會往上飛？是被什麼東西往上拉嗎？

哇！太酷了！

※ 轟轟轟！

火箭和宇宙是人類最大的夢想！

一九六九年阿波羅十一號登陸月球……接下來的目標就是登陸火星！

我們常玩的超級彈力球一落地⋯⋯

外太空根本沒有人啊⋯⋯

難道是有人把火箭往上拉嗎？

將氣球吹飽氣之後，一放開氣球就會釋出空氣，同時往上飛。

此時釋出空氣的反方向有一股反動力（推力）產生作用，所以氣球才會往上飛。

反作用力

作用力

反作用力

作用力

※咚

就會往上跳。這是受到「作用與反作用力」的影響。

❸ 將人推開

❷ 牆壁就會產生反向的推力

❶ 用力按壓牆壁

※咚

↑
滑板

簡單來說，
「作用力與反作用力」
就是對某物體施力，
就會有一樣大小的力道
往反方向施力。

大小相等、方向相反，
在一直線上作用。

一直線上

超級彈力球往上反彈的
性質稱為彈性，
意指施加力道時，
物體會恢復
原有形狀的性質。

物體
也會
恢復
原有
形狀

⬤按壓地面
（蹬地）

⬤使人往上跳躍

⬤從地面產生一股
往上的推力

超級彈力球往上
彈跳的作用機制
也跟按壓
牆壁一樣！

最常見的
例子就是
往上跳躍。

我們也能使用
超級彈力球
製作有趣的東西哦！
一起來做
「超級彈力球火箭」吧！

作用力與反作用力
真的很有意思！

球打到物體反彈
也是相同原理？

※錯

40

製作超級彈力球火箭

〈準備的材料〉

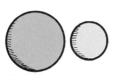
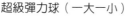

超級彈力球（一大一小）　　厚紙板　　透明膠帶（最好是雙面膠）

超級彈力球彈起時，請注意不要打中自己、他人或是房間裡的照明器具。

〈做法・實驗〉

❶用紙張剪出一個放得下小超級彈力球的圓筒。

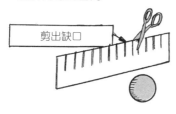

剪出缺口

❷將步驟❶剪出的圓筒紙，黏在大的超級彈力球上。

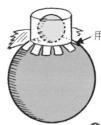

用膠帶黏住

❸將球往地面丟，小的超級彈力球就會強勢的往上彈出。

〈一起來實做〉

❶比較

丟一顆超級彈力球與步驟❸相較，研究兩者的彈跳方式，比較彈跳高度。

❷升級超級彈力球火箭！

將步驟❶的紙筒做長一點，重疊三顆超級彈力球，比較一顆與兩顆小超級彈力球，往上彈跳的高度有何不同。

※咚

用透明膠帶緊緊黏住大的超級彈力球，與紙筒內的小超級彈力球。

實做篇① 「製作」

※「會說話的藥水」：祕密道具之一，裝有藥水的噴霧瓶對著物品噴灑，物品就會開始說話，表達意見。

這是昨天撿到的羽毛！

得救了！

大雄，這不是羽毛，是植物的種子！

沒錯，我是種子。

我是生長在東南亞一帶，柳安木的一種，「龍腦香科」的樹木種子。

東南亞

※艷陽高照

我沒看過這種羽毛，所以撿回來放在我的寶盒裡。

寶盒

太可憐了！

大多數種子一生只能移動一次，這是它們的大冒險！

沒錯、沒錯！

要平安長大哦

對不起

媽媽……

我要去冒險囉！

你是怎麼來到日本的呢？

我是跟著船或飛機的行李，再藉由風力飛來的。

這個部分，就像竹蜻蜓，

靠風力轉動。

※啾啾啾～

※旋轉

43

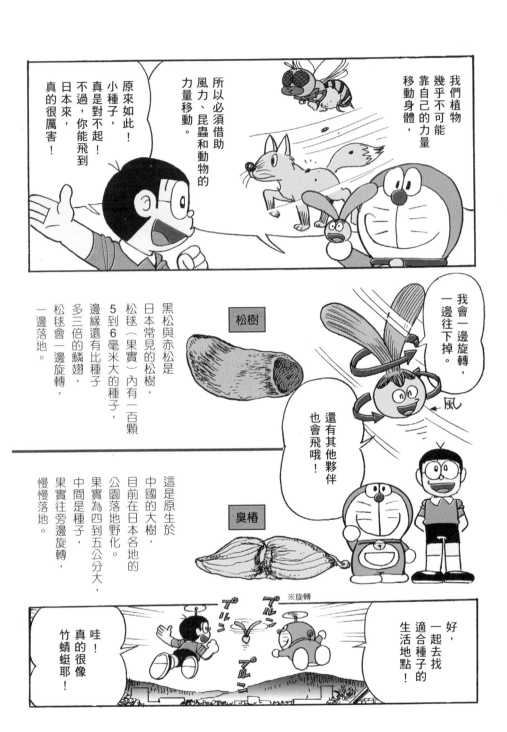

我們植物幾乎不可能靠自己的力量移動身體，

所以必須借助風力、昆蟲和動物的力量移動。

原來如此！小種子，真是對不起！不過，你能飛到日本來，真的很厲害！

松樹

黑松與赤松是日本常見的松樹，松毬（果實）內有一百顆5到6毫米大的種子，邊緣還有比種子多三倍的鱗翅，松毬會一邊旋轉，一邊落地。

我會一邊旋轉，一邊往下掉。

還有其他夥伴也會飛哦！

臭椿

這是原生於中國的大樹，目前在日本各地的公園落地野化。果實為四到五公分大，中間是種子，果實往旁邊旋轉，慢慢落地。

好，一起去找適合種子的生活地點！

※旋轉

哇！真的很像竹蜻蜓耶！

44

製作種子飛機

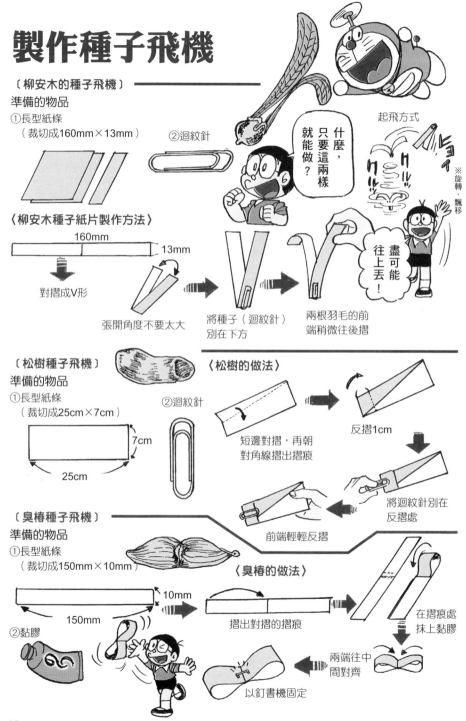

〔柳安木的種子飛機〕

準備的物品

①長型紙條
（裁切成160mm×13mm）

②迴紋針

什麼，只要這兩樣就能做？

起飛方式

※旋轉、飄移

〈柳安木種子紙片製作方法〉

160mm

13mm

對摺成V形

張開角度不要太大

將種子（迴紋針）別在下方

兩根羽毛的前端稍微往後摺

盡可能往上丟！

〔松樹種子飛機〕

準備的物品

①長型紙條
（裁切成25cm×7cm）

②迴紋針

7cm

25cm

〈松樹的做法〉

短邊對摺，再朝對角線摺出摺痕

反摺1cm

將迴紋針別在反摺處

前端輕輕反摺

〔臭椿種子飛機〕

準備的物品

①長型紙條
（裁切成150mm×10mm）

②黏膠

10mm

150mm

〈臭椿的做法〉

摺出對摺的摺痕

在摺痕處抹上黏膠

兩端往中間對齊

以釘書機固定

※咻～

對了，我在游泳池差點溺水的時候，

有一隻水黽在水面上咻咻咻的滑動……

然後呢？

我回來了！真是夠了，我再也不去游泳了！

害我在靜香面前出糧！

又來了……

※哈哈哈

水黽都能浮在水面，你還好嗎？

大雄卻差點溺水，太難看了！

他們竟然這樣嘲笑我！哆啦A夢！

※咳咳

……

我知道了

讓你像水黽一樣擅長游泳就行了吧？

嗯。

好！一起去找出水黽的祕密吧！

使用「會說話的藥水」，不曉得水黽會怎麼說？

用這個噴在水黽身上。

※噴

シュッ

好哦！你想問什麼，我都會回答！

什麼？你想了解我嗎？

你是什麼樣的蟲？

我嗎？我是分類在半翅目異翅亞目的昆蟲，有著長長的腿，平時浮在水面上生活！

哦！會發出臭味的椿象不也是半翅目的嗎？

椿象

雖然沒有椿象那麼強烈，但我身上也有會發出味道的臭腺。

臭腺

遇到危險的時候，我會散發像糖果一樣的味道。

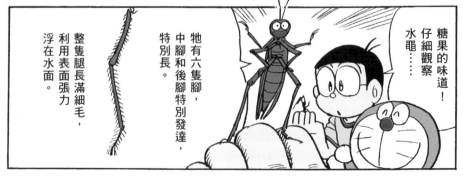

糖果的味道！仔細觀察水黽……

牠有六隻腳，中腳和後腳特別發達，特別長。

整隻腿長滿細毛，利用表面張力浮在水面。

什麼是表面張力？

表面張力是所有液體都具備的性質，是讓液體表面積收縮的力量。

表面積往內收縮

葉片上的水會形成圓形小水滴，這就是表面張力的作用。

對耶，我看過小水滴，原來那就是表面張力啊！

※晃動

水的表面張力特別大，當玻璃杯裝滿水，水面會往上隆起，不會溢出來！

當水含有肥皂等成分，表面張力就會變弱，水會輕易的溢出來。

清潔劑

肥皂

〈一起來實做〉

感覺好有趣哦！

不知道可以放幾顆彈珠進去呢？

※晃動

〈一起來比較〉

調查水以外的液體有何不同？
（例）沙拉油、牛奶、醬油、酒等……

請先跟家長商量好再做實驗哦！

慢慢放入彈珠，看看在水不溢出來的狀況下能放幾顆？

在玻璃杯倒滿水

※咻～

看來你已經摸透我的一切了！

就連表面張力也清楚了！

謝謝你，水黽……

※腳底的氣泡發揮表面張力的作用。

水黽，請等一等！

我有件事拜託你！

什麼事？你說吧！

明天我還要上游泳課，可以請你……

知道了，我會請我的同伴一起來！

哇！怎麼可能？

大雄竟然在游泳！

多虧有水黽的表面張力幫忙！

←水黽

※啪颯、啪颯

製作鐵絲水黽

準備的材料

0.2mm粗的鐵絲、可裝水的容器、廚房用清潔劑（界面活性劑）、吸管、鑷子

做法・實驗

❶將鐵絲摺成水黽形狀。

❷用鑷子將鐵絲水黽輕輕放入裝水容器。

※輕放

這一步才是實驗的開始！

❸用吸管吸取些微廚房用清潔劑，滴在水面上……

※滴

快住手！

哇，快住手！

來做實驗！

哇！浮在水面上耶！

鐵絲水黽的命運將會如何？請親眼見證！

大雄到底做了什麼夢？

排水口

哇！快救我！

水黽，謝謝你！

※沉入水中

水一旦遭到肥皂或廚房用清潔劑（界面活性劑）汙染，生活在水面的水黽就會被溺死。拜託各位，千萬不要汙染水。

※到有水的地方時，請務必找大人陪同。

　　　　　　　　　　　　　　　※豔陽高照

利用牛奶盒製作再生紙明信片！

這張明信片裡有舊報紙和舊雜誌啊!

例如舊報紙、舊雜誌這類用過的紙張。

不是這個意思!是用水混合藥劑,融化舊紙張,

取出紙張纖維,用舊紙張做成紙漿。以舊紙紙漿做為原料做成的紙張就是再生紙。

藥劑 水

我也能做再生紙嗎?

可以喔!

沒錯!大雄,你說的對!

紙漿是以樹木為原料製成的,如果改用舊紙張,就不需要鋸樹了。

我聽過紙漿!

紙漿

利用牛奶盒製作再生紙明信片！

你也一起來做做看！

這些是材料！

舊絲襪
牛奶盒
舊報紙
金屬衣架
抹布
糨糊

❶剪開牛奶盒

用剪刀剪開洗乾淨的牛奶盒。

小心不要剪到手。

※喀嚓

❷放入熱水浸泡

一直放到牛奶盒變軟為止。

小心不要燙傷哦！

好燙！

❸撕開層壓紙板

用手仔細撕下牛奶盒外側與內側的層壓紙板。

ピー！

※撕開

等放涼之後再撕開……

※呼～呼～

❹以攪拌器打散

ウイーン

※攪拌

將撕下層壓紙板的紙撕得碎碎的，加入適量的水，用攪拌器打到濃稠，充分拌勻。

⑦抄紙

將步驟⑥的框架
放入容器，
倒入步驟⑤製成的
紙漿，
開始抄紙。

⑥製作抄紙用的框架

折彎金屬衣架，
做出一個
比明信片稍大的
四方形框架。

接著
套上絲襪。

⑤拌入糨糊

加入少許糨糊
充分拌勻。

紙漿

倒入紙漿時，
盡可能平整
且厚度均勻。

⑧去除水分

將抹布放在報紙上，
再放上抄紙框。

對摺報紙與抹布，
覆蓋抄紙框。

※輕抽

將整疊報紙翻過來，
輕輕抽出抄紙框。

用報紙夾著抄紙框，
放上砧板，
從上方按壓去除水分，
做出平整的紙張。

⑨乾燥

將紙貼在
玻璃窗上，
讓其自然乾燥。

※好癢

カュイ
カュイ

重點解說專欄
「關於纖維」

紙漿是從木材
和草萃取出的
纖維。

纖維有很多種，
受傷後結的痂
含有網狀纖維蛋白，
其作用就是
蓋住傷口。

⑩剪成明信片大小

哇！
剪得太
小了……

55

製作神奇的溶液試紙

※搗搗搗　　　　　　　　　　※艷陽高照

不對勁！會不會是在搗碎考零分的考卷呢？

大雄，你在做什麼？

我現在很忙，你到旁邊去，別煩我。

※搗、搗

做好了！好漂亮的紅色啊！

再放入一朵搗碎吧！

然後再加水。

56

完成！

哆啦A夢，你可以過來了。

以各種花製成的彩色水

大雄的魔術秀

算了，歡迎來到大雄的魔術秀！

你剛剛明明就在懷疑我。

原來你剛剛在做這個啊，真厲害！

哇！這些水的顏色真漂亮！

※鏘鏘

變成藍紫色！

這是怎麼回事！紅色的水竟然

※滴

滴入媽媽給的洗碗精……

哎呀！好神奇啊！

pH值※8左右的洗碗精。

※「pH 值」＝顯示溶液的酸性、中性或鹼性等性質的數值區間。使用試紙判斷後，再用 pH 標示。

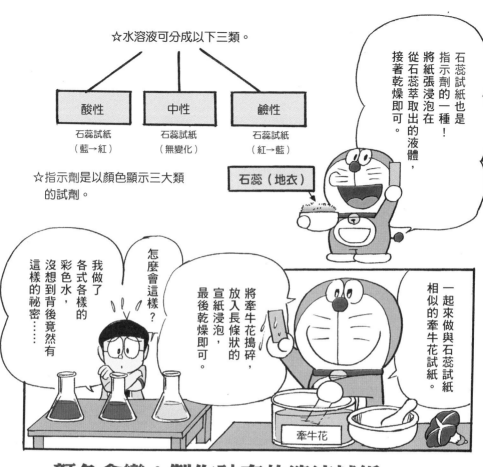

☆水溶液可分成以下三類。

酸性	中性	鹼性
石蕊試紙 （藍→紅）	石蕊試紙 （無變化）	石蕊試紙 （紅→藍）

☆指示劑是以顏色顯示三大類的試劑。

石蕊（地衣）

石蕊試紙也是指示劑的一種！將紙張浸泡在從石蕊萃取出的液體，接著乾燥即可。

一起來做與石蕊試紙相似的牽牛花試紙。

將牽牛花搗碎，放入長條狀的宣紙浸泡，最後乾燥即可。

怎麼會這樣？

我做了各式各樣的彩色水，沒想到背後竟然有這樣的祕密⋯⋯

牽牛花

顏色會變！製作神奇的溶液試紙

準備的材料

花瓣（例）→

牽牛花、一串紅、大花三色菫、碧冬茄等

宣紙（長條狀）

研磨缽

水

容器

學習我的做法，把顏色鮮豔的花瓣搗碎後製作試紙。

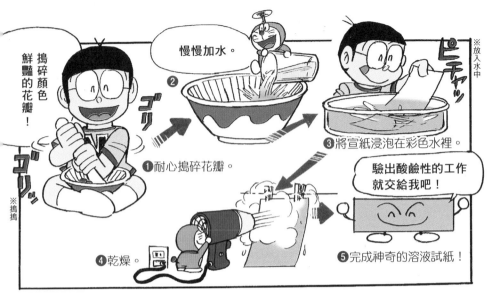

利用試紙驗出常見溶液的酸鹼性吧

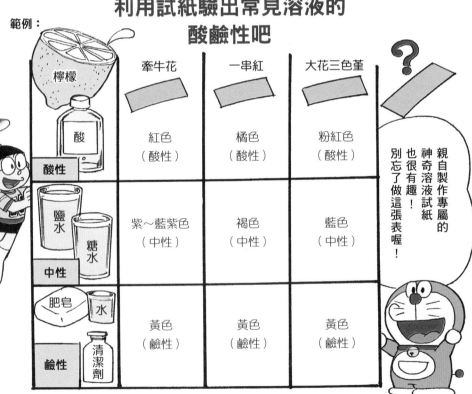

範例：

	牽牛花	一串紅	大花三色堇	
檸檬 酸 **酸性**	紅色 （酸性）	橘色 （酸性）	粉紅色 （酸性）	
鹽水 糖水 **中性**	紫～藍紫色 （中性）	褐色 （中性）	藍色 （中性）	
肥皂 水 清潔劑 **鹼性**	黃色 （鹼性）	黃色 （鹼性）	黃色 （鹼性）	

製作試紙

〔**參考資料①**〕
各種指示劑加入溶液時的顏色變化

試劑 ＼ 水溶液	酸性	中性	鹼性
牽牛花 （紅色花瓣）	紅色	紫～藍紫色	黃色
一串紅 （紅色花瓣）	橘色	褐色	黃色
大花三色堇 （藍色花瓣）	粉紅色	藍色	黃色

※不妨使用其他花瓣，製作自己專屬的指示劑。

〔**參考資料②**〕
常見溶液的性質

酸性	中性	鹼性
檸檬汁 酸 檸檬酸 衣物柔軟精 衣物漂白水 洗髮精 沐浴乳 等	洗碗精 鹽水 糖水 等	小蘇打水 瓦斯爐清潔劑 浴室清潔劑 居家清潔劑 洗衣精 廚房漂白水 等

※市售清潔劑的背面說明都有記載商品的酸鹼性。

作品範例①

製作
磁鐵喇叭

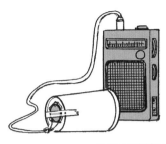

只要有強力磁鐵與長電線，紙杯就能變成喇叭哦！

材料！

紙杯

強力磁鐵

3m長的單聲道耳機

透明膠帶

❶製作線圈（捲起來的電線）。

剪掉

剪掉

分開兩條電線再連成一條。

插頭

❷一邊整線一邊繞掌心30次。

❸以透明膠帶固定。

露出兩端的電線！

❹製作線圈。

磁鐵

線圈

先用透明膠帶固定線圈，再放上磁鐵，連同磁鐵一起固定。

撕

❺將電線接在收音機上，打開收音機。

將連接插頭的電線與線圈連在一起（以透明膠帶固定連接處）。

怎麼樣？聽得見聲音嗎？

嗯哼

作品範例②

製作
玻璃紙溼度計

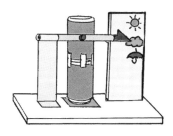

利用玻璃紙受溼度影響產生伸縮現象的性質，製作溼度計。

材料！　玻璃紙　吸管　圖釘　2個空罐

壓克力板　　　　　　　　　　　　　　厚紙板

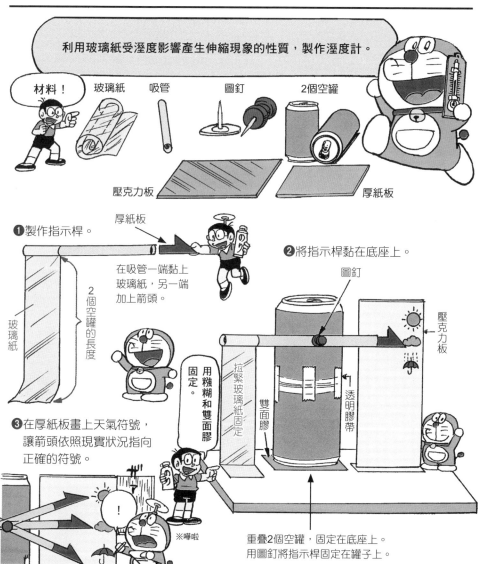

❶製作指示桿。

厚紙板

在吸管一端黏上玻璃紙，另一端加上箭頭。

2個空罐的長度

玻璃紙

❷將指示桿黏在底座上。

圖釘

壓克力板

用糨糊和雙面膠固定。

拉緊玻璃紙固定

雙面膠

透明膠帶

❸在厚紙板畫上天氣符號，讓箭頭依照現實狀況指向正確的符號。

※嘩啦

重疊2個空罐，固定在底座上。
用圖釘將指示桿固定在罐子上。

作品範例③

製作
靜電感測器

我們可以找到
看不見的靜電在哪裡哦！

材料！

鋁箔紙　　調味料玻璃瓶　　保麗龍製軟性
　　　　　　　　　　　　　食品托盤

❶將鋁箔紙剪成10cm長條後對摺。

-10cm-

用另外一張鋁箔紙包起來！

❷蓋上另外一張鋁箔紙。

對摺的長條狀鋁箔紙，

❸以保麗龍纏繞鋁箔連接處，
　做成瓶口大小。

先將食品托盤剪開。

完成。

〈一起來實做〉

墊板

產生靜電時，瓶子裡的鋁箔紙條會張開。

作品範例④
利用自動鉛筆的筆芯製作麥克風

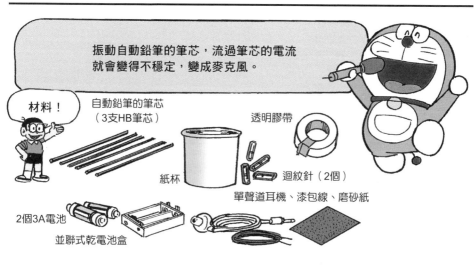

振動自動鉛筆的筆芯，流過筆芯的電流就會變得不穩定，變成麥克風。

材料！

自動鉛筆的筆芯
（3支HB筆芯）

透明膠帶

紙杯

迴紋針（2個）

單聲道耳機、漆包線、磨砂紙

2個3A電池

並聯式乾電池盒

❶用透明膠帶將3支HB筆芯黏成一束，並在透明膠帶固定處折斷筆芯。

❷用透明膠帶將筆芯黏在杯底。

❸用磨砂紙將漆包線一端磨尖，用2個迴紋針固定。

❹將迴紋針掛在筆芯兩端，用透明膠帶將漆包線黏在紙杯杯側上。

❻剪下耳機插頭，露出裡面的電線，與漆包線接在一起。

〈一起來實做〉

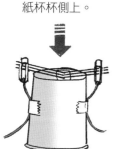

❺將漆包線的一端，接在並聯式乾電池盒上。

挑戰天氣預報

哆啦A夢，為什麼天氣預報這麼準確？

……這是因為

※嘩啦

我剛剛不是說了嗎？

我回來了。

原來用了這些方式全年無休的觀測啊！

氣象資料綜合處理系統（COSMETS）

與世界各國的電腦交換資料。

我是世界一流的電腦，困難的計算就交給我吧！

用超級電腦計算從以上觀測方式獲得的資訊（風速、風向、氣壓、氣溫），就能完成天氣預報。

天氣預報的機制

靜止氣象衛星

無線電探空儀等

感測器

雷達

風速廓線繪圖儀

監控颱風和大雨的工作就交給我

航空機

從空中也能觀測

氣象局

海洋氣象觀測船

在海上也能觀測

AMeDAS

AMeDAS是無人氣象觀測系統

船舶等

可測量海面到水深2000m的水溫與水壓。

好厲害啊！

以上是日本天氣預報的架構。

這麼說的話，只要看到工廠煙囪冒出來的煙，就能掌握雲的動向囉！

只要注意風向，就能預測雲接下來的動向。

其實也不一定。先來觀測雲吧！

天氣預報聽起來好難哦！

※舔舔

我有聽過「貓洗臉就會下雨」！

意思是觀察我們身邊的自然現象，預測天氣。

觀天望氣？那是什麼？

對了，你聽過觀天望氣嗎？

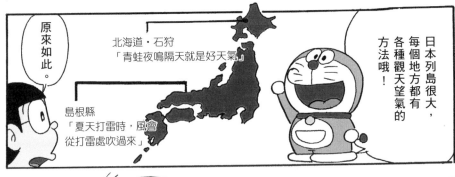

原來如此。

北海道・石狩
「青蛙夜鳴隔天就是好天氣」

島根縣
「夏天打雷時，風會從打雷處吹過來」

日本列島很大，每個地方都有各種觀天望氣的方法哦！

沒錯！我們來試試看吧！

如果會觀察雲的動向，了解觀天望氣，我也能做出一份天氣預報！

68

挑戰天氣預報

調查方法

● 調查方位

　使用指南針，確定北方的位置。

● 調查雲的動向

　仔細觀察雲，記錄雲從哪個方向過來。也可以參考煙囪的煙和植物隨風搖擺的狀態。

● 調查雲的種類

　雲分成會下雨和不下雨等類型，拍下各種雲的照片，仔細記錄。

● 調查觀天望氣

　調查與天氣有關的俗諺，以及各地自古就有的傳說。說不定可以發現許多有利於天氣預報的資訊。

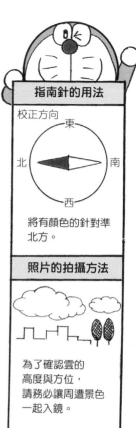

指南針的用法

校正方向

將有顏色的針對準北方。

照片的拍攝方法

為了確認雲的高度與方位，請務必讓周遭景色一起入鏡。

挑戰自己居住的〇〇市天氣預報！

◇天氣的諺語

· ——
· ——

◇〇〇地方的觀天望氣

· ——
· ——

〇年〇〇〇〇

◇雲的種類

—雲　　—雲　　—雲

☆統整

寫下自己做天氣預報時注意到的重點，以及從中發現的準則（共通點或傾向）。

日期	天空的模樣	風向	預報	結果	備註
％／		東北			有雲但天氣晴
％／✕		西			少雲但有下雨
％／△		東			跟預報一樣天氣晴
％／□		北			天氣晴

調查空氣汙染狀況

大雄的體力
也太差了吧！

大雄，
加油！

我……已經
走不動了！

再撐一下，
快到了！

※哈哈哈哈　　　　　　　　　　　　　　　　　　　　　　※氣喘吁吁

真的耶！

哆啦A夢，
這裡的空氣
好清新哦！

嗯？

呼！
我受不了了，
以後再也不
健行了……

你做到了，
很棒！

小夫！
我們來玩
傳接球！

在城市生活時都用喉嚨以上的部位呼吸。

一到鄉下就忍不住用腹式呼吸。

你聽過森林浴嗎？

有！聽說森林浴具有放鬆效果。

關於這一點，原因有好幾個⋯⋯

真的耶，好清新！

空氣好清新啊！

為什麼森林裡的空氣這麼好啊？

我也來深呼吸一下。

樹木會散發出一種名為「芬多精」的揮發性物質，專家認為芬多精具有放鬆效果。

不僅如此，「芬多精」還有消臭、除臭的效果，可以淨化空氣，還能抗菌、防蟲。

氬0.9%　　二氧化碳0.03%

氧氣21%

氮78%

這是分析空氣成分的圖表。

嗯！不過，不只如此。

原來如此，森林的空氣才會這麼清新啊！

※轟、轟隆隆、吼吼吼、叭叭

哇！這裡的空氣跟森林完全不一樣！

這少許的二氧化碳正是關鍵所在。

這麼少卻很重要……

我們一起往城市移動吧！

※咳咳

這是因為城市裡有工廠和汽車，它們會排放二氧化碳。

為什麼城市和森林的空氣差這麼多呢？

啊！森林的空氣真的很好耶……

我不行了！哆啦A夢，趕快回森林。

好。

※吸、呼、吸、呼

調查方法

一起來調查周遭的空氣狀況吧!

●雖然平時看不見空氣,但空氣無所不在。一起來
　調查各地方的空氣汙染有多嚴重吧!

以拍照方式記錄各地方狀況。

◇調查地點

①一般認為空氣清新的地方(森林等大自然環境)

②一般認為空氣髒汙的地方(車流量大、工廠林立的地方)

③自家附近想要調查的地方(公園等)

①大自然　　②城市　　③家附近

要選擇哪裡呢?

◇調查方法

①在以上三處選定的地點貼雙面膠做記號。貼雙面膠時,
　為了避免沾附沙塵,請貼在離地1m以上的地方。

②維持此狀況一段時間(一週左右)。

③調查雙面膠沾附了什麼樣的汙垢。

④比較各地點的雙面膠,寫下自己的發現。

※貼

注意

●雙面膠要貼牢一點,避免脫落。

●不要將雙面膠貼在危險處,或會影響其他人的地方。

調查周遭的空氣狀況

○年○班＿＿＿＿＿＿＿

◎調查動機
●我想調查生活周遭的空氣汙染有多嚴重。

● 大家常說大自然景致較多的地區「空氣較清新」，而且城市「空氣比較差」。
　因此我想親自確認這是不是真的。

◎調查地點
Ⓐ大自然景致較多的地方（○○縣○○市）

Ⓑ城市（台北市○○區）

Ⓒ我住的城鎮附近

Ⓓ加碼調查（我家裡）

	貼雙面膠的地點	該處的模樣	一週後的結果	調查心得
A-1	大自然森林裡（○○區）		＿＿＿＿ 幾乎沒有髒汙	
A-2	大自然森林裡（○○區）		＿＿＿＿ 幾乎沒有髒汙	
A-3	大自然裡湖邊		＿＿＿＿ 不髒	
B-1	城市（○○區）車流量大		變黑了	
B-2	城市（○○區）工廠附近		有很多灰塵	
C-1	家附近公園（○○區）			

◎實驗心得

75

調查河川汙染狀況

※撲通

我之前在電視上看過孩子們將鮭魚幼苗放入河流的情景。

要乖乖長大，平安回來哦！

哦！我也看過！好多人將鮭魚寶寶放入河裡。

可是，以前根本沒有鮭魚逆流而上，為什麼今年反而出現了呢？難道是這條河有什麼不一樣了嗎？

說的也是！一定是河水變乾淨了，鮭魚才會逆流而上！

可是……

之前我們不是來這裡撿垃圾嗎？

對耶！

每條河川的水汙染源都不一樣嗎？

是不是只要撿垃圾，河川就會變乾淨？

只要水變乾淨，棲息在河裡的生物也會改變嗎？

我認為是因為鮭魚回流是因為水變乾淨後，牠們才回來的……

不如我們來調查一下河裡的生物吧？

好啊！

哆啦A夢，我們來調查看看吧？

好！不過，我們明天再調查。河川容易發生危險，一定要有大人陪伴才行哦！

河水的乾淨程度會影響我們看到的生物種類。不妨先做一下功課！

不知道河裡有哪些生物？

哆啦A夢……

※再見

バイバイ

真想早點調查水中生物！

明天見！

78

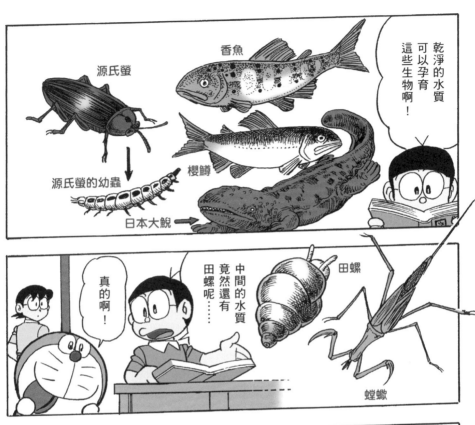

乾淨的水質可以孕育這些生物啊！

源氏螢

香魚

櫻鱒

源氏螢的幼蟲

日本大鯢

真的啊！

中間的水質竟然還有田螺呢……

田螺

螳蝦

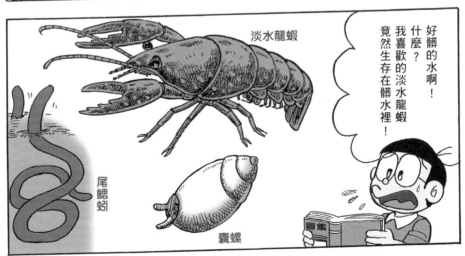

好髒的水啊！什麼？我喜歡的淡水龍蝦竟然生存在髒水裡！

淡水龍蝦

尾鰓蚓

囊螺

圖鑑

調查範例

❶確認水溫並記錄

準備的物品

・水溫計
・寶特瓶
・相機
・白色盤子
・捕蟲網
・放大鏡（顯微鏡）

別忘了在水溫計上綁條繩子。

?

❷採集水

・用寶特瓶取水。

・用眼睛觀察水的狀態並記錄。

（例）
・水很清澈
・水很混濁
・河底都是爛泥
等等

到河川進行調查時，一定要請大人陪同哦！

・聞水的味道並記錄。

（例）
・乾淨的水沒有味道
・稍微混濁的水有些許味道
・泥水有爛泥味

クンクン

※嗅聞

❸尋找生物

水生昆蟲大多棲息在石頭背面。

・撈到水生昆蟲時，請倒入裝了水的白色盤子裡，並從上方拍照存證。

河裡有各種生物哦。

※喀嚓、喀嚓

以放大鏡觀察生物。

❹統整內容

如果可以，請在暑假期間走遍河川的上中下游，比較統整各河段的生態狀況。

	上游	中游	下游
水溫	12℃	15℃	20℃
河川狀態	・河水很清澈。 ・沒有異味。 （貼上照片佐證）	・水質稍微混濁。 ・幾乎沒有味道。	・水質混濁。 ・稍微有點味道。
生物※	澤蟹 鉤蝦	划蝽 蜉蝣	搖蚊（幼蟲） 囊螺

※可做為河川汙染程度的判斷依據。

※如果有時間，請追加調查第二條、第三條河川。
※不同河川如有差異，請猜想產生差異的原因，並建立假設。

實做篇②「調查」

日本人自古就是用這種方式在炎夏中納涼呢！

老爺爺，為什麼在地上灑水可以變這麼涼爽？

※叮鈴

※叮鈴

哆啦A夢，你真聰明！

這是因為灑在地面的水蒸發時帶走地面的熱氣，才會感覺涼爽。

嗯……這我不清楚。老伴，你知道嗎？

不，我也不知道。

水蒸發後，地面溫度下降。

熱空氣

熱空氣

水蒸發之後，周遭空氣就會灌入，形成風，這就是起風的原因。

風一吹，汗水就會蒸發，肌膚溫度就會下降，讓人感覺涼爽。

這樣啊。

84

這樣吧，我們來實際調查看看！

還有溫度計。

準備的物品包括水桶、水，以及「長把勺子」……如果沒有，用「湯勺」替代也可以。

向你借這些東西。

好啊！

沒問題！

首先測量地面溫度！

先從離地面十公分處開始。

溫度計 →

10cm

土壤上為三十九度！

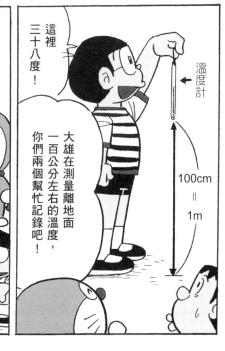

這裡三十八度！

大雄在測量離地面一百公分左右的溫度，你們兩個幫忙記錄吧！

溫度計 →

100cm
＝
1m

接下來，由胖虎灑水。

先決定每次灑水的水量第一次灑兩公升，第二次四公升，接著是六公升。

如此可以調查氣溫變化。

哦……好的！

※嘩啦

啊！

哇！

※蟬鳴聲

過了五分鐘。

※嘩啦

四公升！

六公升！

兩公升！

雖然不多，但溫度真的下降了！

我這裡也下降了。

真的嗎？

老爺爺，您說在地面灑水可以降溫，是真的耶！

我就說吧！

謝謝您。

我好想再去其他地方，調查看看灑水降溫的效果！

胖虎，我們也去調查一下柏油路。

去灑水吧！

孩子們的行動力真強啊……

老伴，那隻藍色狸貓真是聰明……

86

調查範例

☆選擇柏油路、紅磚道和泥土路等地點,水量也有2L、4L、
6L三種,測量各種條件下的氣溫變化。

用棍子或粉筆
畫出 1m² 的區域,
方便測量。

柏油路　高100cm

水量	0分	5分	10分
2L	39.7	38.7	38.2
4L	39.7	39.3	39.0
6L	40.3	40.0	39.5

高10cm

水量	0分	5分	10分
2L	41.2	39.2	38.2
4L	40.5	39.6	39.0
6L	40.8	40.0	39.5

紅磚道
高100cm

水量	0分	5分	10分
2L	37.3	35.3	39.0
4L	36.5	34.5	34.6
6L	35.2	34.5	34.7

高10cm

水量	0分	5分	10分
2L	38.2	36.3	35.8
4L	36.8	35.2	35.3
6L	35.8	35.0	35.1

調查自己平時常去的地方,記錄各種數據
後,可製成表格或圖表,方便檢視。不妨
想想自己想說的話吧!

泥土路
高100cm

水量	0分	5分	10分
2L	36.0	35.5	35.0
4L	36.0	35.4	35.7
6L	37.4	37.1	36.8

高10cm

水量	0分	5分	10分
2L	37.3	36.9	36.6
4L	37.9	37.2	37.2
6L	39.0	38.9	38.3

※ 發表時請在數字後加上℃。

調查植物的吸水方式

糟了！大雄的花枯萎了！

我什麼事也沒做，它卻一天天枯萎……

這樣花太可憐了！

大雄！怎麼可以不澆水呢？

我錯了！

你什麼都沒做？難不成你從買回來到現在都沒澆過水？

澆水？

只要澆水，花朵和葉子一定能恢復元氣！

花朵和葉子都發軟萎縮了……

原來花要澆水啊？

※嘩啦

大雄，你在澆哪裡呢？

澆水時一定要把根部的土壤澆溼才行。

※溼漉漉

為什麼澆水時不是澆枯萎的花朵和葉子，

而是要澆植物根部呢？

這樣花朵和葉子就能重新復活嗎？

是嗎？為什麼？

咦？這個嘛……

為什麼對著植物根部澆水，花朵和葉子就能重新復活？

一起來調查看看吧！

哆啦A夢。

對耶！我們來調查看看吧！

※澆水

你們先猜猜，為什麼對著植物根部澆水，

花朵和葉子就能恢復原狀，對植物是有幫助的呢？

什麼？要我們先猜想啊？

因為花朵和葉子都枯萎了，所以我認為對著這些花朵和葉子「澆水」就好。

不過，我讀一年級時曾經種過「牽牛花」，當時確實是往盆栽裡的土壤澆水。

一年級的大雄

我認為對著植物根部澆水，根部吸水後，水分就會從下往上遍布整株植物。

也就是說，水會由下往上走，透過莖部一直運送到葉子。我想應該是這樣吧？

好，我已經知道你們的猜想了。

大雄有大雄的想法，靜香有靜香的猜測。

究竟他們兩位，誰的想法正確呢？

我記得……我應該有……

有什麼？你要拿出什麼祕密道具嗎？

實驗範例

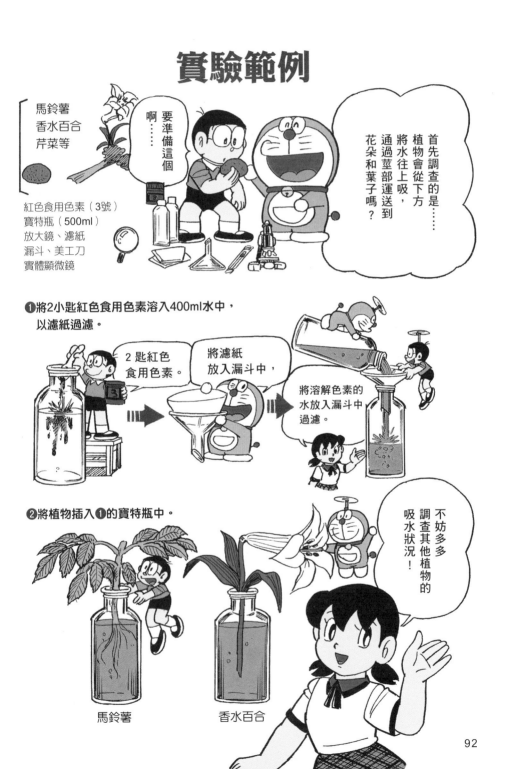

馬鈴薯
香水百合
芹菜等

紅色食用色素（3號）
寶特瓶（500ml）
放大鏡、濾紙
漏斗、美工刀
實體顯微鏡

啊⋯⋯要準備這個

首先調查的是⋯⋯植物會從下方將水往上吸，通過莖部運送到花朵和葉子嗎？

❶將2小匙紅色食用色素溶入400ml水中，以濾紙過濾。

2匙紅色食用色素。

將濾紙放入漏斗中，

將溶解色素的水放入漏斗中過濾。

❷將植物插入❶的寶特瓶中。

不妨多多調查其他植物的吸水狀況！

馬鈴薯　　　　香水百合

❸觀察（2～3小時後）。

●以美工刀切下莖部、葉子與花朵，觀察染紅的部分。

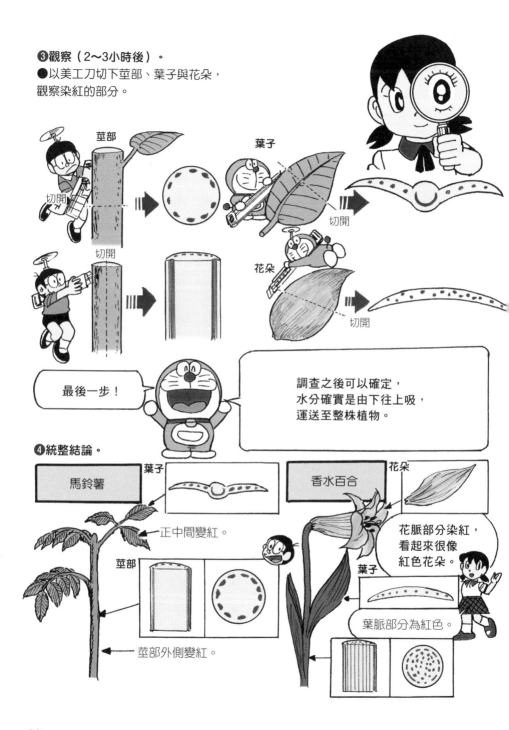

莖部

葉子

切開

切開

切開

花朵

切開

最後一步！

調查之後可以確定，
水分確實是由下往上吸，
運送至整株植物。

❹統整結論。

馬鈴薯

葉子

正中間變紅。

莖部

莖部外側變紅。

香水百合

花朵

花脈部分染紅，
看起來很像
紅色花朵。

葉子

葉脈部分為紅色。

調查蟬鳴聲

※唧唧唧

熊蟬

咦？蟬叫聲怎麼聽起來跟剛剛不同啊？

哇！

哇！

哇！

看我射門囉！

掰掰！

再見！

掰掰，明天見！

現在的蟬叫聲好像又跟中午不一樣……

？

咦？

喂，
哆啦Ａ夢……

什麼事？

發現早上、
中午和傍晚的
蟬叫聲
都不一樣耶。

我今天
在外面玩了
一整天……

※嚼、嚼

咦？大雄，
你該不會
……

以為是
同一隻蟬
一直在叫吧？

雖然都是蟬，
但早上、中午和
傍晚的叫聲都不同，
好神奇啊！

我吃飽了。

※喀吶、唧唧

蟬有很多種！
每一種叫的時間
和叫的聲音都不一樣！

真是的！
大雄！

什麼？
不是
同一隻嗎？

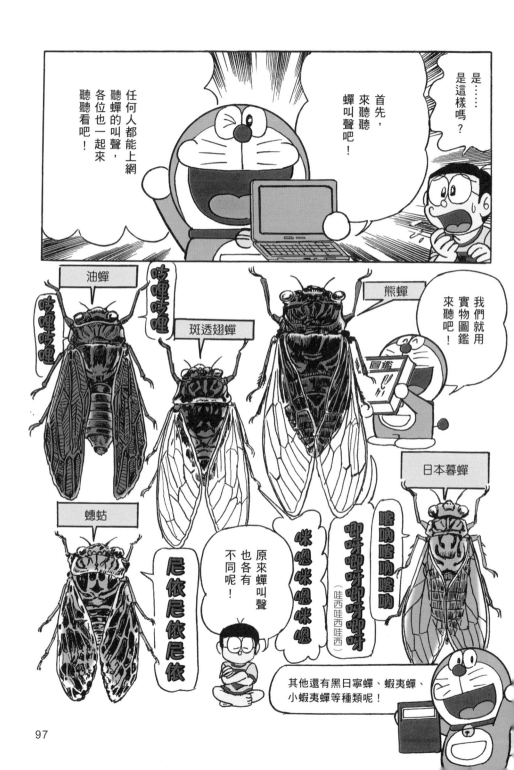

是……
是這樣嗎？

首先，
來聽聽
蟬叫聲吧！

任何人都能上網
聽蟬的叫聲，
各位也一起來
聽聽看吧！

我們就用
實物圖鑑
來聽吧！

圖鑑

油蟬

吱哩吱哩

吱哩吱哩

斑透翅蟬

熊蟬

日本暮蟬

蟪蛄

尼依尼依尼依

原來蟬叫聲
也各有
不同呢！

咪嗯咪嗯咪嗯

卿呀卿呀卿呀
（哇西哇西哇西）

喀呦喀呦喀呦

其他還有黑日寧蟬、蝦夷蟬、
小蝦夷蟬等種類呢！

97

大雄！這下你該知道蟬有很多種，每一種蟬的叫聲都不一樣了吧？

嗯！我還一直以為是同一隻蟬一直在叫呢！

你以為現在幾點啦！給我安靜！

是，是的！

※蟬鳴聲

原來蟬的種類都不同呢！

不過，我今天是……

在不同時間聽到不同叫聲，難道蟬的種類也會影響鳴叫的時間嗎？

現在就去調查吧！

我已經記住每一種蟬的叫聲了！

如果覺得神奇，不妨調查一下……

你先記下剛剛介紹的每一種蟬的叫聲。

明天來調查……

觀察範例

要準備這些東西哦！

記事本
手錶、筆記用品
錄音機（或手機等
錄音用具）

❶上網確認蟬的鳴叫聲。

※咪嗯

❷從早到晚，每隔一小時（在可聽見蟬
　鳴聲的地方）錄音2～3分鐘，你聽見
　什麼樣的（蟬）叫聲呢？

※唧呀唧呀

❸如果可以，請用錄音機錄音。

在發表會上公布錄音，
讓大家更容易理解。

※咪嗯、咪嗯

蟬或蟬殼標本

標籤

熊蟬

※參考圖鑑製作標籤。

❹統整結論

以時段圖表統整結果，
就是很精彩的生態觀察。

蟬鳴時間

	（朝）4點	5	6	7	8	9	10	11	12	（午）1	2	3	4	5	6	7點
螗蜩			■	■	■	■	■	■	■	■	■	■	■	■		
日本暮蟬		■													■	
油蟬							■	■	■	■	■	■				
斑透翅蟬				■	■	■	■	■	■							
熊蟬			■	■	■	■	■	■								

哪一款衣服最吸汗？

うわあ〜!!

我睡過頭了！

沒時間了！

穿上運動外套就夠了。

你不穿內衣嗎？

誰叫你昨晚看漫畫看到那麼晚。

上學要遲到了！

※全力衝刺

※上課鈴響

※嘩嘩嘩

101

※呼〜乾淨清爽

你洗完澡後有穿內衣嗎？

啊！好舒服啊！

穿了，你看！

※呵啊

路上小心，注意安全哦！

我出去玩囉！

我的身體都沒溼耶，穿上內衣果然乾爽許多。

真是太好了！

回來啦！快去洗手、漱口。

我回來了！

※嘎嘎

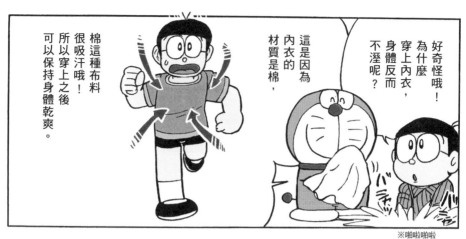

棉這種布料很吸汗哦！所以穿上之後可以保持身體乾爽。

這是因為內衣的材質是棉，

好奇怪哦！為什麼穿上內衣，身體反而不溼呢？

※啪啦啦啪啦

換句話說，雨衣不具吸水性，可以排掉雨水。

沒錯！下雨天穿的「大衣」可以擋雨。

大雄，你應該知道「雨衣」吧？

「雨衣」？就是下雨天穿了可以擋雨的那個？

我懂了！內衣具有吸水性，所以穿了之後可以吸汗。

嗯，簡單來說就是吸水能力。

什麼是吸水性？

棉

雨衣材質

↑無吸水性・有吸水性↑

104

實驗範例
把調查結果統整成圖表！

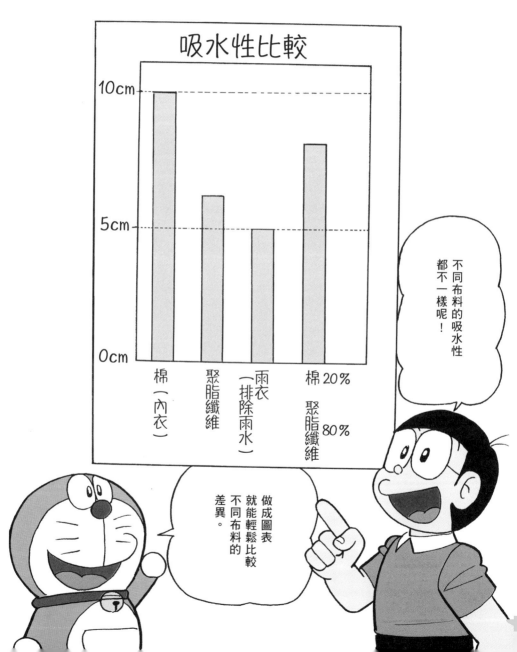

調查蔬菜的含水量

媽媽醃的小黃瓜好好吃哦！

パリ・ポリッ

パリッ・ポリ

※大快朵頤

已經沒有囉！

媽媽，再來一盤！

啊！已經吃光了！

カチッ

※喀鏘

大雄真的很愛吃醃菜呢！

我吃飽了，好想再吃醃小黃瓜哦！

那麼想吃的話，就自己做做看，如何？

咦？

做法很簡單哦！

我也做得來嗎？

將小黃瓜切成適當大小，再搓上鹽就可以囉！

好，我要切小黃瓜囉！

幫幫忙啊！

神廚之手

※剁剁

真希望明天趕快來！

※啪砰

※搓搓

好期待啊，一定要變好吃哦！

※撒撒

鹽

107

108

那是從小黃瓜裡逼出來的水分。

真好吃呢！

很成功哦！

那麼多水是怎麼回事？

※出水、出水

鹽可以將蔬菜裡的水分逼出來。

這樣啊！

小黃瓜裡面有這麼多水啊！

※大快朵頤

不知道其他蔬菜含有多少水分？

這個問題很有意思！

我們來調查看看吧！

109

〈蔬菜水分的調查方法〉

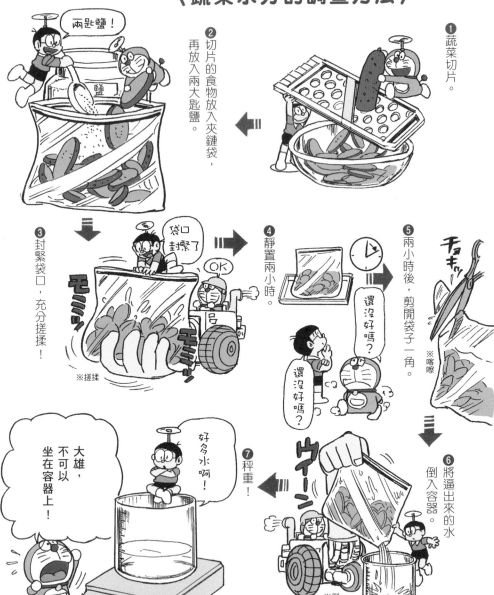

① 蔬菜切片。

② 切片的食物放入夾鏈袋，再放入兩大匙鹽。

兩匙鹽！

鹽

③ 封緊袋口，充分搓揉！

※搓揉

袋口封緊了

OK

④ 靜置兩小時。

還沒好嗎？

還沒好嗎？

⑤ 兩小時後，剪開袋子一角。

※喀嚓

⑥ 將逼出來的水倒入容器。

※倒

⑦ 秤重！

好多水啊！

大雄，不可以坐在容器上！

實驗範例 統整調查結果！

蔬菜水分的調查結果

調查蔬菜 （150g）	水分含量
白蘿蔔	40g
小黃瓜	37g
茄子	35g
馬鈴薯	30g
紅蘿蔔	19g

不同種類的蔬菜含有的水分都不一樣！

堅硬的紅蘿蔔含有的水分不多。

善用磁鐵的祕密

※咬

我們來調查看看，我們做的「大口咬河馬君」會主動咬哪些東西，以及不會咬哪些東西吧？

好主意！

有意思，好啊！

這主意很棒，可以多調查一些東西。

說不定會有什麼新發現。

我們還決定要調查磁鐵可以吸附的東西。

這是我在出木杉同學家做的！

還有啊，

試試看另一個空罐吧！

空罐。

パクッ
※咬

パクッ
※咬

槌子。

鉗子。

パクッ
※咬

114

※咬

〈磁鐵吸附與不吸附的物品〉

吸附的物品	不吸附的物品
剪刀	塑膠尺
鉗子	橡皮擦
鐵罐	免洗筷
平底鍋	玻璃杯
鐵釘	鋁罐
迴紋針	保鮮膜
鐵絲	紙
冰箱門	布料
黑板	鏡子

磁鐵吸附鐵釘時，鐵釘也會變成磁鐵，吸附其他鐵釘。

鏡子像鐵一樣會發亮，我還以為磁鐵會吸附呢，原來不會！

磁鐵也會吸附鉗子把手，即使會吸附的物品與磁鐵之間存在其他物質，磁鐵還是會發揮作用。

冰箱門與黑板表面都是鐵做的，只是外表看不出來而已……其實裡面都是鐵。

各位不妨使用上方表格列出的物品，自己實驗看看吧！

116

完成範例　大口咬河馬君

▶請將右方圖紙放大影印，做成可愛河馬。

上

下

黏貼處

〈做法〉　❶沿著圖形裁剪上與下。

❷用膠帶將磁鐵黏在上的臉部內側。

❸將上的頸部往後折。

❹在下塗上糨糊，將上與下黏在一起。

❺完成！

117

製作閃亮結晶

可以加快結晶速度的道具，

你趕快拿出來！

好癢啊！

快住手！

「時光布」！只要蓋上這個，就能加快結晶速度。

哆啦A夢，謝謝你。

蓋好後等一會兒。

實際上需要兩週的時間唷！

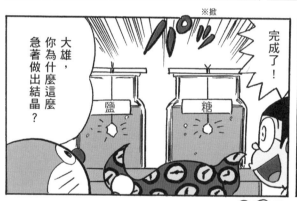

※掀

完成了！

大雄，你為什麼這麼急著做出結晶？

我想將結晶做成項鍊，送給靜香。

原來如此⋯⋯

對了，哆啦A夢，還有沒有其他東西也能形成結晶呢？

身邊常見的東西應該就是「檸檬酸」，它也能形成結晶。

大雄，謝謝你。

哇！好美。

明礬結晶的做法

① 將明礬倒入攝氏六十度的熱水，充分溶解。

明礬

② 將溶解後的液體倒入其他容器，慢慢放涼。

③ 最後就會形成三公釐左右的結晶，稱為晶種，是形成大結晶的種子。

就像這樣。

④ 用三秒膠將釣魚線黏在晶種上。

這是免洗筷

釣魚線

黏

⑤ 將步驟 **②** 的溶液加熱，溶解明礬。在全部溶解之前關火。

關火

嘿嘻！

⑥ 將步驟 **④** 的晶種放入溶液。

大約一週就能形成大結晶哦！

利用其他物質製作結晶！

☆製作飽和溶液，再放入晶種做出大結晶。

準備 60℃的熱水。

倒入物質一直到不能繼續溶解為止。（飽和溶液）

將晶種放入飽和溶液。

只要一到兩週就能完成。

鹽

糖

檸檬酸

你們看！這是我的結晶寶盒！

各種物質的結晶形狀都不一樣！

加熱液體、溶解物質時，一定要有家人陪同哦！

結晶飾品也很漂亮呢！

123

自己做電池

※悠揚樂音

我想從頭再聽一次，靜香，你可以再轉一次嗎？

大雄，你今天很有雅興呢！

大雄，你是不是還想再吃半顆葡萄柚？

※叮

※悠揚樂音

好、好。

※吃光光

嗯，真的好好聽，再一次！

※點頭

哆啦A夢……

該不會壞掉了吧？

靜香，給我看看。

※安靜無聲

音樂聲停了……

怎麼會這樣？

太好了！
太好了！

呼！

沒什麼問題，應該只是電池沒電而已。

太好了，不是壞掉就好……

嗯嗯……
嗯哼嗯哼。

哆啦A夢，看出來了嗎？

咦？

現在就能繼續聽哦！

沒關係，

我手邊沒有可以替換的電池，今天不能再聽音樂了！

有耶！剛好各三枚。

等一下，我看看。

咦？

大雄，你有三枚十圓硬幣和三枚一圓硬幣嗎？

※鏘啷

126

接上電線，

※喀嚓、喀嚓

從音樂盒的電池盒裡……

葡萄柚？

然後將它們插入葡萄柚……

※喀嚓、喀嚓

各自接在十圓硬幣和一圓硬幣上，

※滋

插入！

※滋

插入！

※滋

插入！

※悠揚樂音

日本的十圓硬幣含銅，一圓硬幣含鋁……

再加上葡萄柚，就能做出電池。

有聲音了！

那有什麼問題！

我好想調查各種水果的發電效果哦！

任何水果都能當電池使用嗎？

哇，太酷了！

128

收集貝殼

※啪颯、啪颯

把它送給靜香，靜香一定會很高興。

好漂亮啊！

※拉出

這是什麼？

是貝殼！

※閃亮、閃亮

※閃亮

哇！仔細一瞧，這片沙灘到處都是漂亮的貝殼！

大雄，這是明亮櫻蛤的一種。

大雄，這裡也有很多明亮櫻蛤哦！

哆啦Ａ夢。

131

這裡都是岩岸。

這裡也有貝殼哦!

※嘩～

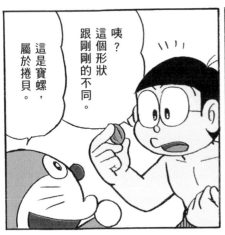

咦?這個形狀跟剛剛的不同。

這是寶螺,屬於捲貝。

大雄,你能注意到貝殼形狀的差異,真的很不簡單。

什麼意思?

棲息場所會影響貝類的形狀哦!

明亮櫻蛤棲息在沙灘,為了能迅速潛入沙子裡,演化成兩片貝殼的外型。

棲息在岩岸的寶螺生長在海浪容易打上來的地方,所以長成外殼堅硬的捲貝。

大雄,你在幹嘛?

我們在調查貝類。

沒錯!

哇,大雄,它們好漂亮哦!

哇！好壯觀哦！我也想做！

那……我們回家做標本吧！

大雄，將自己收集的貝殼像這樣整理擺放，就能完成自己專屬的貝殼標本哦！

貝殼標本的做法

將貝殼放入盒子前的準備工作！

在海岸撿拾的貝殼請先：
❶用水沖洗乾淨。
❷放在陰涼處充分乾燥。
※若貝殼類有肉，請先煮熟取出，避免放久了腐壞。
❸調查貝類名稱。
參考圖鑑或上網尋正確名稱。

一起來放入盒子裡吧！

❶ 準備物品

盒子：利用點心盒子等空盒。

先分類貝殼再放入盒子裡

隔板：割下空盒的蓋子，充分利用。

蓋子：到五金百貨購買壓克力板，配合盒子切割成適當的大小。

寶螺
荒磯海岸
2014.8.16

❸ 若同一種貝殼有好幾個，分別展示貝殼正面與背面的模樣，可放入兩個，

❷ 在盒子底部擠上木工用強力黏著劑，放上棉花固定。接著再放上貝殼。

棉花

木工用強力黏著劑

❹標本標示的寫法

①明亮櫻蛤
②八十八里海岸（沙灘）
③2014年8月17日

①＝名稱　②＝撿拾地點
③＝撿拾日期

大雄，你應該了解了製作貝殼標本的方法吧？

嗯！

標本箱也做好了！哆啦A夢，我們再去海邊撿更多貝殼！

快拿出「任意門」吧！

好是好，出門前要先提醒你……

撿貝殼要帶這些東西！

耙子

袋子、水桶

棉質工作手套

還有，一定要遵守以下事項：

☆注意事項☆
●去海邊時一定要有大人陪同。
●不可以去水深海域或危險的岩岸。
●如果去岩岸，一定要穿鞋底不滑的鞋子。
●如果去沙灘，請穿拖鞋。
（注意玻璃碎片等危險物品）
●有些貝殼有毒，請事先參考圖鑑。
●不可以進入漁夫捕魚的場域。

好的！

我知道了！

實做篇④「收集」

採集昆蟲

法布爾老師真是博學！

我也想當昆蟲博士！

這麼容易受影響啊……不過，有個人興趣是一件好事。

法布爾 昆蟲記

採集昆蟲也是一種好方法啊！

那我問你，怎麼做才能更了解昆蟲？

怎麼可能有那種東西！

哆啦A夢，快拿出可以成為昆蟲博士的道具。

出發！

哇！哆啦A夢說的沒錯，黃鳳蝶真的在紅蘿蔔葉子上呢！

可是牠在這裡並非是要吃葉子，那牠在這裡做什麼？

※揮、揮

嗯。

太好了，抓到了！

※喀嚓

先拍下牠活著時的模樣。

我懂了！黃鳳蝶產卵在紅蘿蔔葉子上！

這裡還有幼蟲呢！

哆啦A夢，是卵嗎？

這是什麼？

是黃鳳蝶的卵。

我們身邊的
昆蟲記

野比大雄

接著再像這樣統整記錄，就能進一步了解昆蟲哦！

親近昆蟲的生態環境，就能察覺到昆蟲棲地與食物等特性。

卵和幼蟲，通通拍照記錄下來！

※喀嚓

難道紅蘿蔔的葉子是幼蟲的食物？

大雄，你答對了。

雄性

統整重點

昆蟲名稱 ── ● 黃鳳蝶（鳳蝶科）

昆蟲大小 ── ● 體長4.5cm ・ 展翅8cm

捕獲地點 ── ● 紅蘿蔔的葉子

天氣、時段 ── ● 晴天、白天

捕獲方法 ── ● 知道黃鳳蝶在紅蘿蔔葉子產卵的習性，
於是在紅蘿蔔田等待，
最後用捕蟲網捕獲。

觀察心得 ── ● 黃鳳蝶之所以在紅蘿蔔葉子產卵，
是為了讓幼蟲可以立刻吃葉子，
填飽肚子。

捕獲後
調查的事項

還要調查其他昆蟲！

與黃鳳蝶相關的事物也記錄下來，一眼就看出彼此關係。

黃鳳蝶
卵的照片

黃鳳蝶
幼蟲照片

誘集就是「陷阱」的意思。我們可以用來誘捕昆蟲的方法，包括「燈光誘集」、「食物誘集」等。今天就在山裡露營，準備捕捉獨角仙和鍬形蟲吧！

大雄，接下來抓獨角仙和鍬形蟲吧！利用誘集法！

好！

不過，誘集是什麼意思？

※塗抹

糖蜜？

香蕉

●六根香蕉
●一百毫升米酒
●乾酵母（適量）
●砂糖（適量）
將所有材料放入夾鏈袋充分搓揉。

酵母
米酒
砂糖

在太陽下山之前做好準備。

準備？

首先，我們要在這棵麻櫟樹塗上糖蜜。

糖蜜不只塗在一棵樹上，要多塗幾棵。

要是太陽下山就看不清楚了。

這次的實驗用到酒，請與大人一起做！

放在日照處發酵一到兩天。

139

接著是「燈光誘集」，在兩棵樹之間掛上燈，再加上白布。

樹　樹　燈　白布　重石

好期待啊！

接下來就等吧！

大雄，走囉！

嗯，好。

哆啦A夢，太驚人了，有好多呢！

我決定了！我要繼續努力，成為昆蟲博士！

鋸鍬形蟲

- 雌性　體長7cm　體重5g
- 雜樹林
- 晴天、晚上9點左右
- 燈光與香蕉糖蜜誘集
  香蕉糖蜜誘集的做法
  還能吸引其他昆蟲……

獨角仙

- 雄性　體長8cm　體重8g
- 雜樹林
- 晴天、晚上9點左右
- 燈光與香蕉糖蜜誘集
- 獨角仙具有趨光性
- 雌獨角仙長這樣
- 附近的樹流出樹液

你真是觀察入微！就是利用這一點才在樹上塗糖蜜。

那裡就可能會聚集好多昆蟲。

白天如果看到樹木流出樹液，

〈放大鏡的用法〉

❶如果想觀察的東西可以放在手中

↓

移動觀察對象，轉動到可以看清楚的角度。

❷如果想觀察的東西無法放在手中（在水中游動的生物、在葉子上活動的生物）青鱗魚、蚜蟲等

↓

移動放大鏡，移到可以看清楚的地方。

注意
● 不可用放大鏡看太陽。
● 用放大鏡聚集陽光，會使物體燃燒。

耶，看到了！「放大鏡」可以放大物體，好方便啊！

鰈魚

海馬

刺棘鱗魚

蝦子

※喀嚓、喀嚓

我先猜測牠們屬於哪一類，再上網查。

那就上網搜尋吧……

我找到好多小海怪，好想知道牠們的名字。

陸陸續續揭開謎底了呢。

這隻像魚，一定是魚類。眼睛很大，而且是銀色的，是刺棘鱗魚的幼體。

這隻長得像蝦子，屬於節肢動物！這是磷蝦的幼體。

這隻長得很像章魚，應該屬於軟體動物。這是真蛸的幼體。唔，也有花枝呢！

143

好，再來找找，還有沒有其他種類。

真好玩！

哆啦Ａ夢，我想保存這些小海怪，該怎麼做才好啊？

放入夾鏈袋，再冷凍保存就可以了。

不過，千萬不要吃哦！

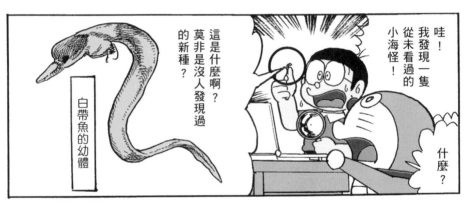

哇！我發現一隻從未看過的小海怪！

什麼？

這是什麼啊？莫非是沒人發現過的新種？

白帶魚的幼體

沒關係！總有一天，我也能成為第一個發現者！

啊，找到了！原來是白帶魚的幼體……

這到底是什麼？

是新發現嗎？

我找到的小海怪

野比大雄

◎什麼是小海怪？—
　　混雜在小魚乾（小沙丁魚）和魩仔魚的魚類或海
　洋生物幼體。

◎什麼是食物鏈？—
　　生活在海中大大小小的各種生物都是「獵食者」與
　「被獵食者」的關係，小海怪的存在讓體型較大與
　更大的魚成長茁壯。這些魚長大後，就是人類的食
　物。生物之間互相依存的關係稱為「食物鏈」。

◎尋找小海怪的必備道具！
　●小魚乾　●鑷子　●放大鏡　●〔菲涅耳透鏡〕
　●小袋子（用來裝找到的小海怪）　●盤子

◎找到的小海怪們！

海馬幼體

磷蝦幼體

真蛸幼體

鰈魚幼體

白帶魚幼體

刺棘鱗魚幼體

我將自己找到的小海怪統整起來。

利用照片或插圖統整也很棒哦！

各位不妨參考！

參考資料
〔網路〕
●小海怪圖鑑
●岸和田自然資料館

〔書、圖鑑〕
●尋找小海怪！／偕成社

最近有越來越多商家會先做好分類，避免小海怪混在
小魚乾裡，因此越來越難找到小海怪。相關資料可上
網搜尋。

實做篇④「收集」

記錄月亮的陰晴圓缺

※地照→

月亮好美哦！我正在觀察月亮的陰晴圓缺！

大雄，你在觀察月亮嗎？

※喀嚓、喀嚓

8月4日

哇，半月耶！真的是半圓形！

8月1日

現在是眉月，之後會慢慢的往左邊變大。

你終於克服三分鐘熱度的缺點了。

※「地照」＝地球反照，只有在月亮變細的時候才看得到的微亮部分。這是地球反射陽光照在月球上的現象。

146

8月5日

今天的月亮比半月大一點，慢慢接近滿月。

※喀嚓

8月8日

8月9日

明天應該就是滿月了吧？

※喀嚓

8月11日

好美啊！今天是滿月。

※喀嚓

8月12日

咦？月亮的右邊看起來小了一點……

明天會看得更清楚！

好奇怪……大雄這次的月球觀測怎麼這麼順利？

從明天開始月亮應該會開始變小了吧？

8月15日

哆啦A夢，我們去睡吧……今天月亮不想出來了！

傻瓜，哪有這種事……

8月13日

跟我預測的一樣，右邊開始缺了！

什麼……！

大雄，月亮出來囉！

真的耶，月亮真的出來了！

它慢慢的往東方天空移動，好晚才升上來。

是啊！

我要拍照記錄，還要畫下來！月亮右邊的缺損跟我預測的一樣。

明天晚上九點應該能看到月亮吧！

已經等不及明天的月出了！

媽媽，現在是暑假，通融一下嘛！

還不快睡覺！

大雄！

竟然在午睡！

為了晚上要觀測月亮啊！

跟預測的一樣，從右邊開始缺損。

晚上九點了，月亮出來囉！

哆啦A夢！之後看得到月亮的時間會越來越晚。

怎麼辦？

這個嘛……

使用可預約拍照的快門，在指定時間拍照。

※喀嚓、喀嚓

上網搜尋「月相日曆」，確認大致的月出時間，在那個時間起床。

※鈴、嚇醒

拜託爸爸叫你起床（一起觀測月亮）

※喀嚓、打瞌睡

早上起床上學時，看見西方天空還掛著昨晚的半月。

8月18日

3:30就能看見月亮了，與8月4日的半月，形狀正好相反。

8月4日

8月17日

哆啦A夢，起床了！

形狀跟眉月剛好相反。

8月22日

※喀嚓

大雄，起床了。

月亮又開始變細了！

8月21日

※喀嚓

149

調查月亮的陰晴圓缺

週五	週六	週日	週一	週二	週三	週四
8/1 **20:00**	8/2 **20:00**	8/3 **20:00** 雨	8/4 **20:00**	8/5 **20:00**	8/6 **20:00**	8/7 **20:00** 多雲
8/8 **20:00**	8/9 **20:00**	8/10 **20:00**	8/11 **20:00**	8/12 **20:00**	8/13 **20:00**	8/14 **21:00** 多雲
8/15 **21:30**	8/16 **22:30** 雨	8/17 **23:00**	8/18 **0:00**	8/19 **0:30**	8/20 **1:00**	8/21 **2:00**
8/22 **2:30**	8/23 **3:30**	8/24 **4:00**	8/25 **5:00**	8/26 **6:00**	8/27 **19:00**	8/28 **19:00**
8/29 **20:00**	8/30 **20:00** 多雲	8/31 **20:00**				

〈觀測心得〉
- ●月亮的形狀每天都在變。
- ●月亮的形狀經過一個月就會恢復原狀。
- ●月亮的位置隨著時刻變化。

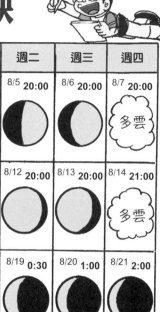

※ 這張表上註明的月出月落時段，是參考2014年8/1～8/31的資料統整而成。不同年分的月相形狀會改變，請參考網路的月相日曆等資訊。

去動物園做自由研究

我們要去動物園收集自由研究的資料！

靜香，你們要去哪裡？

好多資訊啊！

河馬的祕密

我都不知道這些事情。

動物園

我也要一起去！

河馬的鼻子、眼睛與耳朵呈一直線耶！

為什麼會這樣呢？

哇！是大象！

請參閱解說牌

長頸鹿！

哦哦！猴子山！

※吱吱

原來是為了身體沉入水中時，鼻子、眼睛與耳朵可以露在外面啊！

河馬的祕密
除了覓食的時候，河馬一整天都在水裡生活哦！

這樣牠就可以在水中觀察周遭狀況。

北極熊！

不知道是否有其他動物也跟河馬一樣，眼鼻耳呈一直線的？

靜香，我們來問問飼育員吧！

哇！是獅子！

靜香！

好恐怖啊！

咦？

他們去哪兒了？

※吼～

ガアーッ！

呃！

當然有，跟我來！

好。

是什麼樣的動物呢？

哇……鱷魚！

另一種動物則是這個。

是水豚耶！

這也是鼻子、眼睛和耳朵在水面上呈一直線的動物。

〈河馬小常識〉

水中生活　除了覓食之外，河馬一直生活在水裡。就連排泄、交配和生產都在水中進行。

體長：約3.5m～4m
體重：約1.1t～2.6t
棲息地：非洲大陸

非洲

河馬的嘴巴

河馬的嘴巴可以張開至150度。

河馬可以潛水約4～5分鐘，此時河馬的鼻孔與耳朵會緊閉。河馬在陸地上奔跑的速度可達時速40km以上。

河馬會從體表分泌帶紅色的黏液，流下「粉紅色的汗水」。此黏液可避免肌膚乾燥，免受紫外線傷害。

統整調查結果！

什麼，你們兩個已經統整得差不多啦！

出乎意料！
河馬的祕密！

棲息地
非洲大陸
在這裡

嘴巴很大
可張開至150度

草食動物
・夜間會到陸地上採食

好，我也要來整理自己的發現！

皮膚容易乾燥
也容易受紫外線傷害

跑步速度很快
時速40km以上

鼻・眼・耳呈一直線

水中

原因是鼻子、眼睛和耳朵露出水面，可以注視著周圍。

其他
鱷魚　　　水豚

感想

覺得不可思議的事情也一併調查統整哦！

將自己對於河馬感興趣的事情全記下來。

靜香真的好認真，整理得很詳細！

動物園的動物們！

大象　　獅子　　河馬
長頸鹿　　猴子

什麼！

大雄，你不能只貼照片啦！

這樣不算是研究哦！

哆啦Ａ夢，我該怎麼辦？快幫幫我！

很困擾吧！

大雄，你的報告有太多地方被指正，需要修改。

在動物園的時候……

○事先確認餵食和各種活動的時間。

動物園公告！

餵食時間	導覽
獅子10：00	猩猩
北極熊11：00	企鵝
企鵝13：00	
海豹・・・・	

○確認宣傳手冊與解說牌內容

推薦重點 | 宣傳手冊

北極熊　　　大猩猩

※請參考各動物園網站。

○參加動物園提供的導覽行程！

飼育員親自解說，可以聽到許多專業知識哦！

還能欣賞平時看不到的餵食秀，參觀動物們睡覺的地方哦！

○參觀可以與動物互動的專區

・可以接觸動物，聆聽飼育員的解說。

是倉鼠耶！

呀啊！有老鼠！

去植物園做自由研究

好！接下來去植物園吧！

這一次我一定要好好對照實物和解說內容。

哇！這裡有好多樹木和花卉。

對面還有溫室哦！

過去看看！

上面寫「摸摸看！」真的可以嗎？

含羞草
（摸摸看！）

※颯颯

哇！動了！

バサッ

哇！這是椰子樹的果實！第一次看到。

原來香蕉樹長這樣啊！

大雄，這裡有解說牌，來看看！

含羞草的祕密！會動的原因！

大雄，這裡也有解說牌！

為什麼？怎麼會？植物會動？

158

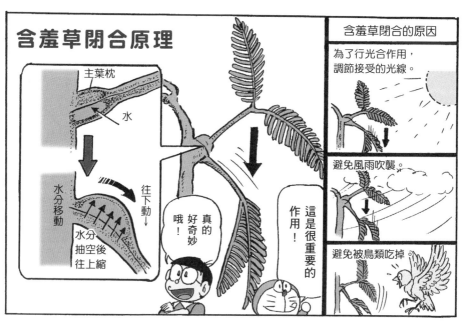

含羞草閉合原理

主葉枕

水

水分移動

水分抽空後往上縮

往下動

哦！

真的好奇妙！

這是很重要的作用！

含羞草閉合的原因

為了行光合作用，調節接受的光線。

避免風雨吹襲。

避免被鳥類吃掉。

大雄，別忘了記錄！

沒錯。

含羞草的祕密！會動的原因！

カシャッ

先做筆記，再拍照存證。

※喀嚓

不知道有沒有其他的會動的植物？

有哦！

在這裡！

嗯……這個……

真的嗎？

是植物園的工作人員。

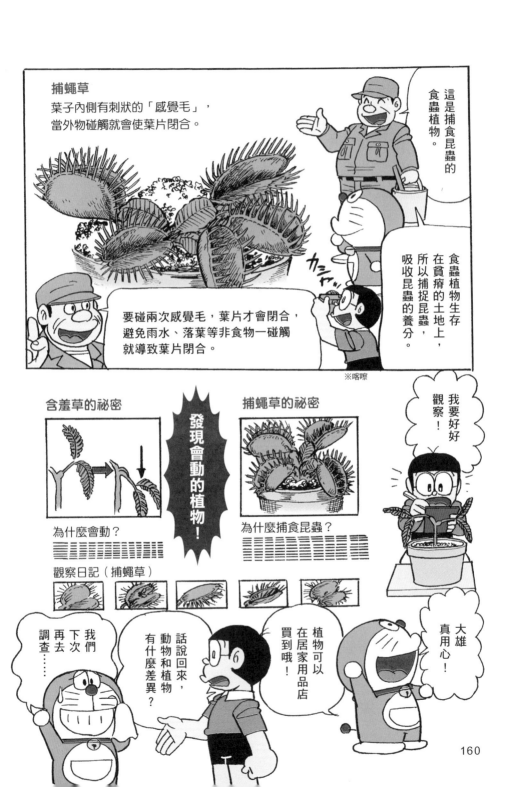

就是這麼一回事……

出門吧!

要去哪裡?

跟我走就對了!

科……科學館?

科學館

這裡正在演出有趣的表演哦。

※砰砰

萬能通行證!

XXIVXX
ALMIGHTY-PASS
□□-□
nobita

哇!好酷的空氣砲!

這不是魔術,是科學哦!

研次郎老師,有沒有我能表演的魔術呢?

當然有。

※拍手

162

簡單魔術

1 浮浮沉沉的魚

瓶蓋

用力壓轉緊

螺帽

❶在汽水寶特瓶倒入水。

❷在魚形醬油瓶的嘴部裝上螺帽。

❸調節魚內部的空氣和水量，使魚剛好浮在水面上。

❹將魚放入寶特瓶，旋緊瓶蓋。

❺用力壓，就能使魚載浮載沉。

※用力壓瓶子，
魚裡的空氣
就會受到壓縮，
浮力變小，
因此往下沉。

2 吸入瓶子裡的水煮蛋

水煮蛋

牛奶瓶

火柴

❶火柴點火，放入牛奶瓶。

❷把水煮蛋剝殼後，直立在牛奶瓶口上。

❸靜置一會兒，水煮蛋就會被吸進瓶子裡。

這怎麼會這樣？

※砰

※晃動

火柴熄滅後，
瓶子裡的空氣變冷，
體積就會變小，
將水煮蛋吸進瓶子裡。

將魚塗上顏色也很有趣。

結果會怎麼樣呢？

這項魔術也利用相同原理。

水往上吸

瓶子

蠟燭

水

盤子

用火時一定要有家長陪同哦！

簡單魔術

3 使吸管移動的魔術

吸管

❶用面紙摩擦兩根塑膠吸管。

❷其中之一插入大頭針，固定在底座上（吸管處於可旋轉狀態）。

❸將第二支吸管靠近用大頭針固定的吸管，此時固定住的吸管會開始轉動，避開第二支吸管。

❹接著用橡皮擦摩擦手中拿著的第二支吸管，接著靠近用大頭針固定的吸管，此時手中的吸管會被固定的吸管吸引。

橡皮擦

※擦擦

用橡皮擦摩擦，吸管就會帶正電（＋）。

吸管是靠靜電的力量移動哦！用面紙摩擦吸管，吸管就會帶負電（－）。

讓網目較小的水面往上隆起的力稱為「表面張力」。表面張力會阻斷空氣，避免空氣進入杯子裡。

發表時一邊說明科學原理，一邊表演，讓「自由研究」更加生動精彩。

謝謝你，研次郎老師。

4 不會溢出的水

杯子倒放，水也不會溢出。

❶將排水孔濾網放在馬克杯上。

❷倒水。

❸

蓋上墊板，倒放杯子。

注意不要傾斜。

❹輕輕抽出墊板。

真的不漏水。

❺水不會溢出。

表面張力

164

暑假要結束了！

暑假要結束了！

暑假有很多事情要做嘛！

像是睡午覺……

你每天都在睡午覺！

這樣吧，我們坐時光機回到過去。

時光機壞了，正在修理。

※哈哈哈

※垂頭喪氣

嗚……世界末日了……

嗚嗚，沒救了。我要被老師罵了。

太誇張了吧！世界要是因為這點小事就結束，報紙一定會報導的！

什麼？讓報紙變成時光機！

讓報紙變成你的時光機！

大雄，可以利用報紙啊！

哆啦A夢，怎麼啦？

咦！

將暑假期間的報紙全部收集起來！

只要有了報紙，就可以輕鬆完成作業。

好！

媽媽，暑假期間的報紙放在哪裡？

報紙？全都整理起來，收在置物間裡。

※嘩嘩

※咚

哆啦A夢，報紙拿來了！

太好了！先找報紙的天氣預報欄。

※翻、翻、翻

天氣預報！天氣預報！在哪兒呢？

啊，有了，找到了！

八月○日是晴天耶！

表格還要寫當天發生的事情哦！

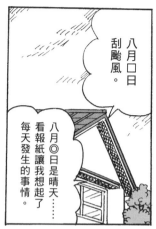

八月◎日是晴天……
看報紙讓我想起了
每天發生的事情。

八月口日
刮颱風。

太好了！太好了！
大雄現在全心投入
尋找資料……

八月△日是
多雲有雨啊！

八月×日也是晴天！
咦，當天
還有這樣的
事情啊！

做完了！

如何？
報紙
很有用吧！

暑假的生活

月	日	生活紀錄

報紙刊載了
全世界發生的
各種事情。

還有許多
對生活
有幫助的
資訊。

這樣的話，
我的
自由研究也能
利用報紙嗎？

什麼？
你還有沒做的
自由研究嗎？

利用剪報製作
獨創的科學新聞

〈做法〉

❶事前準備
● 從報紙找出與科學相關的報導。

報紙有許多版面，包括頭版、生活版、社會版、體育版、社論、讀者投書等。

❷剪下素材
● 剪下標題、照片、插圖、報導等內容。

畫線標示重點處，讓讀者一目了然。

❸排版
● 準備一張底紙，將剪下來的素材依照主題擺放。

❹完成
● 針對報導寫下大標、小標和自己的想法。
● 最後寫下報紙名稱、日期和名字……

真拿你沒辦法！製作科學新聞的重點是剪下與「科學」相關的報導，全部收集起來。像是「環境」、「能源」、「宇宙」、「氣象」、「生命」、「細胞」等……

〈素材〉
插圖
照片
標題
用螢光筆畫線

〈排版〉
報導　標題　照片　報導　標題
大照片

我做好了！

大雄報
思考環境問題！
鯨魚之海‼

不錯哦！

這樣感覺應該不錯吧？

天氣　能源　環境

依照主題將剪下來的報導放在不同盒子裡。

暑假要結束了！

善用圖書館！

我的自由研究主題是爸爸的化石收藏品。

我想大雄可能不知道，化石就是……

我不想聽，我要回家了！

※偷瞄

如果想調查研究某個主題……

沒有那種道具！

所以我決定我也要來調查化石……

小夫又在炫耀自己家裡的化石收藏了。

他每次都這樣。

哇！這裡有好多書！

圖書館

哆啦A夢，快拿出「任意門」！

你很懶耶！

就去圖書館，去圖書館找資料……

對哦，去圖書館找資料就好！

圖書館！

咦？大雄竟然會來圖書館找資料……

靜香真的好用功，常來圖書館找資料！

是啊！我想找一些花卉的資料。

靜香，你在找書嗎？

6 植物 花

這邊也沒有！

咦？

沒有。

……我找這邊

沒有耶……

好，我也要來找和化石有關的書！

先走囉！

172

大雄，你找到書了嗎？

是靜香啊！

這裡書太多了，我找不到。

圖書館太複雜了，靜香好厲害，你都能找到自己想看的書。

你是怎麼找到的？還是你找了別人幫忙？

大雄，你不知道嗎？

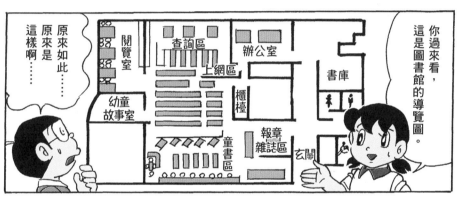

你過來看，這是圖書館的導覽圖。

原來如此……原來是這樣啊……

閱覽室

查詢區

辦公室

上網區

幼童故事室

櫃檯

書庫

童書區

報章雜誌區

玄關

我們先去童書區看看吧！

童書區

童書導覽圖

這裡還分得更細哦！

化石是自然科學。

日本文學

藝術、運動、娛樂

農業、工業、水產

社會科學、自然科學

圖畫書、歷史、地理

173

自然科學在這裡。

自然科學

這裡應該有化石的書籍！

化石！化石書，化石書……

有了！

化石不思議 化石的祕密 化石在說話 化石書 化石

※噓

※瞪

※噓

※噓

真是不好意思！

好的……對不起……

大雄，在圖書館不能大聲喧嘩哦！

分類得很清楚，很快就能找到想要的書！

現在就去辦理借書吧！

除此之外，也能用電腦搜尋自己想借的書！

借/還書

還書日

哇！圖書館好方便哦！

174

圖書館的利用方法

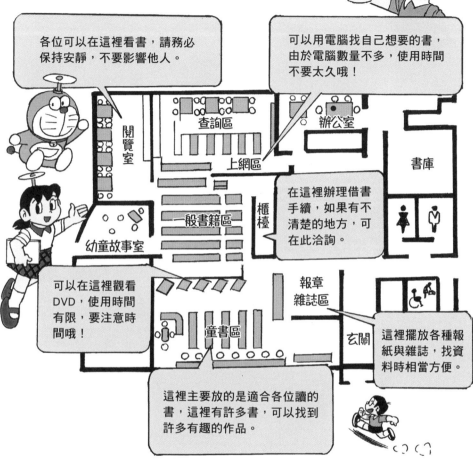

各位可以在這裡看書，請務必保持安靜，不要影響他人。

可以用電腦找自己想要的書，由於電腦數量不多，使用時間不要太久哦！

閱覽室

查詢區

辦公室

上網區

書庫

在這裡辦理借書手續，如果有不清楚的地方，可在此洽詢。

櫃檯

一般書籍區

幼童故事室

可以在這裡觀看DVD，使用時間有限，要注意時間哦！

童書區

報章雜誌區

玄關

這裡擺放各種報紙與雜誌，找資料時相當方便。

這裡主要放的是適合各位讀的書，這裡有許多書，可以找到許多有趣的作品。

● 借書方法
　將自己想借的書拿到櫃檯即可辦理借書手續。通常圖書館需要閱覽證才能借書，第一次借書的人請向櫃檯洽詢。

● 借書期限與本數
　每座圖書館都有借書期限與本數的規定，請務必遵守規定，避免影響其他想借的人。

● 開館時間與休館日
　圖書館有固定的開館和休館時間，請事先確認。

暑假要結束了！

善用電腦（ICT）！

大雄，我們來找你打棒球了！

胖虎，不好意思，我在做自由研究的作業，沒辦法去打棒球！

什麼啊！大雄，你竟然還沒寫完，太會偷懶了吧！

胖虎，你寫完了嗎？

當然寫完啦！

騙人！怎麼可能？

借我看，我想看！

真拿你沒辦法。

星座的祕密!
哇!
好酷哦!

怎麼樣啊,大雄?

哇!裡面的文字好艱深,我看不太懂
……

是嗎?也給我看看!

當然!我用小夫家的電腦查資料,直接整段抄下來。

胖虎,這真的是你自己寫的嗎?

嗯嗯、嗯嗯……

對耶,還有電腦可用!我也可以用電腦查資料啊
……

當然有意見啊!這樣根本不是自由研究!

哆啦A夢,怎樣?你有意見嗎?

等一下,大雄,你等一等!

怎麼了?

就像我在第11頁說過的,自由研究必須自己調查,親自整理所有發現。

※愣住

胖虎！你說這些都是你查來的資料，你能對我們說明一下嗎？

咦？那、那個……

這個……只要在電腦裡輸入「星座」兩個字，就會立刻跑出一大堆資料，我根本也搞不清楚。

就是因為網路有太多資料，如果你只是隨便搜尋，很難找到真正要的資訊。

既然這樣，我該怎麼做才好？

首先，要確定自己真正想研究什麼主題。

因為網路上的資料太多了，

必須確定想法，再用關鍵字查詢。

178

※喀喀

網站搜尋法

首先進入搜尋網站，好用的網站如下：
- Google（https://www.google.com）
- Yahoo! Kids（https://kids.yahoo.co.jp/）

❶以關鍵字搜尋
- 如果清楚知道自己想要找什麼資訊，請在放大鏡圖示 旁的橫框中輸入「關鍵字」，再按下「搜尋」鍵。
- 接著就會有搜尋結果列出，請點入自己在找的網站。
- 若想進一步縮小搜尋範圍，請在第一個關鍵字後空一格，輸入另一個關鍵字。

假設你想研究環境！

環境　搜尋
輸入關鍵字　　按一下

搜尋

環境　CO2　搜尋
這裡空一格

❷以類別搜尋
- 日本的Yahoo! Kids網站已將所有內容分門別類，這些主題稱為「類別」。
- 首先，請點進可能含有目標資訊的類別。
- 接著會出現細項，再進一步點選自己想了解的細項。
- 最後會出現更細分的小項，請從中尋找自己想了解的內容。

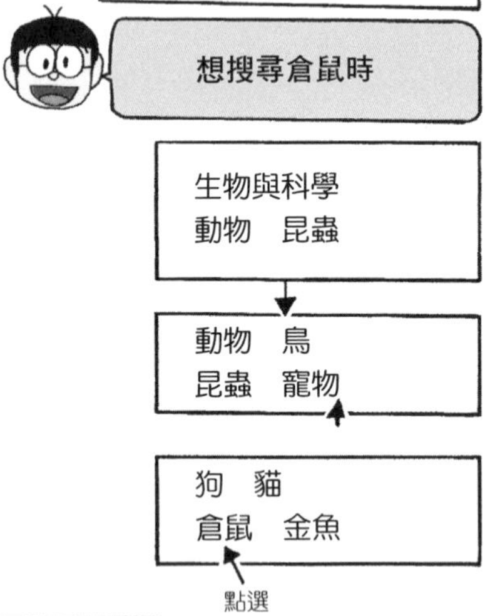

想搜尋倉鼠時

生物與科學
動物　昆蟲

動物　鳥
昆蟲　寵物

狗　貓
倉鼠　金魚
點選

※對於自己搜尋的「星座神話」，最後一定要加上自己的感覺與想法。

我明白了。

採訪專家

我做的天氣預報總是不準，為什麼會這樣？

我觀察了雲的種類，還從天氣圖確認雲的動向，該注意的都注意了。

有沒有什麼方法可以提高精準度？

說到這個，這附近好像有一個人很懂天氣。

咦？

真的嗎？

※吸

去問問那個人，說不定會有收穫。

好，我去找他。

※叮咚

找到了，在這裡！

叔叔，請你教我天氣的知識！

來了，來了，請問有什麼事嗎？

哆啦A夢！

對不起！

您很了解天氣，對吧？

沒禮貌的小孩，給我出去！

※喘、喘

大雄，你有遵守採訪禮儀嗎？

什麼是採訪禮儀？

……我沒聽過

哆啦A夢，那位叔叔好兇哦！

怎麼那麼可怕啊？

為了避免冒犯對方，採訪別人之前一定要遵守這些規則和禮儀。

採訪別人之前

❶ 決定要向誰問什麼事情
確實寫下自己想問的問題

❷ 打電話或寫信向對方約時間
自我介紹，向對方說明自己的採訪目的。
配合對方的時間。

❸ 事先練習採訪內容
先想好採訪流程，讓對方更容易說出重點。

我完全不知道有這回事。

●打招呼時一定要精神抖擻。
●用字遣詞要有禮貌。
●說話時眼睛要看著對方。
●重要內容一定要做筆記。
●如果想進一步了解，
　一定要詳細提問。

採訪流程

❶打招呼
「您好。」

❷自我介紹
「我是就讀○○小學○年級的
○○。」

❸目的
「我目前在做自由研究，主題是
○○，我想採訪您，進一步了解
○○。」

❹採訪
「第一個問題是關於○○……。」
「第二個問題是○○……。」

❺道謝
「今天非常謝謝您，百忙之中抽空
接受我的採訪。」

電話採訪的方法

❶打招呼「您好」

❷自我介紹並請採訪對象接電話
「我是就讀○○小學○年級的○○，
請問○○先生／小姐在嗎？」
等對方接電話後，再次自我介紹，
詢問對方現在是否方便接電話。

❸目的
「我目前在做自由研究，主題是○○，
有些地方我不清楚，想向您請教，
不知是否方便？」

❹採訪
「第一個問題是關於○○……。」

❺道謝
「今天非常謝謝您，
百忙之中抽空接受我的採訪。」

● 事前先排練採訪過程。
● 說話聲音要宏亮有精神。
● 雖然對方看不見，但還是要
擺出端正的儀態。

面對面採訪別人，有時會有意想不到的發現哦！

我從小就喜歡天空。

您為什麼如此了解天氣？

哦，你寫完啦！我會期待啊，我會仔細拜讀的。

我寫完自由研究的作業了！

成品也要拿給採訪對象看哦！

我看看，我看看。

我將採訪內容整理成文章了。

完成之前請將初稿拿給採訪對象過目，確認內容。

184

剩 10 ～ 15 日

種植再生蔬菜

準備的物品

白蘿蔔、紅蘿蔔、馬鈴薯、番薯、蕪菁、
蔥、你想研究的蔬菜切塊

可放入蔬菜切塊、底部較淺的容器

❶將蔬菜切塊放入容器裡，倒水。
（請注意水量，水如果完全淹過蔬菜會導致蔬菜腐爛。）

來得及嗎？

※白蘿蔔與紅蘿蔔請使用帶莖部的部分。

❷觀察植物的變化過程

※為了避免孳生細菌，請每兩天清洗一次容器並換水。

〈關鍵重點〉

植物具有「再分化」的能力，莖部與根部等植物的一部分（細胞）會重新培養組織，還原原有狀態。

〈統整方法〉

種植再生蔬菜

○年○班○○○○

研究動機	研究方法
將馬鈴薯種在土裡就會長出芽與根，因此我也想調查其他蔬菜是否也有同樣現象。	以水耕方式栽種白蘿蔔、紅蘿蔔、馬鈴薯等蔬菜切塊，調查其長出芽與根的狀況。

研究結果

白蘿蔔	
馬鈴薯	
番薯	
蕪菁	
蔥	

不妨利用照片或圖畫記錄植物的生長狀況。

哪些食物會吸引螞蟻？

剩 2～3 日

準備的物品

蜂蜜　梅乾　仙貝　小魚乾

糖　餅乾　起司　鹽

❶ 將食物放在蟻巢附近。

❷ 過了一定時間（10分鐘）後，數現場有幾隻螞蟻。

〈統整方法〉

哪些食物會吸引螞蟻？

〇年〇班〇〇〇〇

研究動機

● 在戶外烤肉的時候，看到螞蟻聚集在掉落地上的食物四周，所以想要研究看看。

研究方法

● 將蜂蜜、梅乾、仙貝、餅乾放在蟻巢附近，10分鐘後數附近有幾隻螞蟻。

實驗結果

食物	螞蟻數量
蜂蜜	
梅乾	
餅乾	
糖	

研究心得

將結果統整成表格，一目了然！

〈關鍵重點〉

基本上螞蟻是肉食性，主要吃跳蟲和甲蟲。不過，螞蟻也會吃植物的蜜、蚜蟲分泌出來的蜜露，以及菌類和植物，也算是雜食性。
由於這個緣故，螞蟻也喜歡吃與上述食物相近的東西。

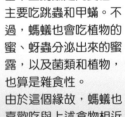

剩餘天數創意發想集

如何延長冰塊壽命？

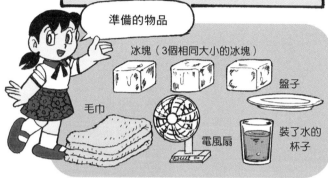

準備的物品

冰塊（3個相同大小的冰塊）

盤子

毛巾

電風扇

裝了水的杯子

❶讓準備好的冰塊分別放置於三種狀態，第一塊拿電風扇吹、第二塊用毛巾包起來、第三塊放入裝水的杯子，同時開始計時。

❷每隔5分鐘觀察冰塊融化的狀況。

〈關鍵重點〉

由於冰塊四周的空氣比冰塊溫暖，毛巾包覆冰塊後可以隔絕周遭空氣，因此用毛巾包覆的冰塊，融解速度最慢。此外，電風扇吹送四周的暖空氣，因此用電風扇吹的冰塊，融解速度最快。

〈統整方法〉

延長冰塊壽命的方法

○年○班○○○○

研究動機	研究方法
天氣炎熱的時候，放在果汁裡的冰塊很快就融化，所以我想研究有沒有什麼方法，可以讓冰塊不易融化。	準備3個相同大小的冰塊，一塊用電風扇吹、一塊用毛巾包覆、一塊放入水裡，比較融解的狀態。

實驗結果	5分鐘	10分鐘	15分鐘
用電風扇吹			
用毛巾包覆			
放入水裡			

比較實驗前的預測和實驗結果，分析並寫下實驗心得。

蔬菜浮在水面還是沉入水中？

剩 1 日

準備的物品

杯子
水
沙拉油
糖
馬鈴薯　紅蘿蔔　小黃瓜
蔬菜
茄子

❶ 將馬鈴薯、紅蘿蔔、小黃瓜和茄子切成相同大小。

❷ 將水倒入杯中，再放入切好的蔬菜，觀察蔬菜是浮起來還是沉下去。

加油！

糟了！

大小都不一樣！

茄子會浮起來嗎？

※撲通

〈統整方法〉

❸ 將杯子裡的水換成糖水和沙拉油，觀察蔬菜在這兩種溶液裡的狀況。

會變成什麼樣子呢？

糖水　　沙拉油

蔬菜浮在水面上還是沉入水中？
〇年〇班〇〇〇〇

研究動機
● 將蔬菜放進盆子裡清洗時，發現有些會浮在水面，有些會沉在水底，因此想要調查看看。

研究方法
● 馬鈴薯、紅蘿蔔、小黃瓜、茄子切成相同大小的塊狀，分別放入清水、糖水與沙拉油中。

實驗結果
● 馬鈴薯、紅蘿蔔、小黃瓜、茄子
● 清水
● 糖水
● 沙拉油

實驗心得

以圖表顯示實驗結果，一目了然！

〈關鍵重點〉

物體的重量與同體積的水之重量比值，稱為比重。
比重大於一的物體會沉入水裡，
比重小於一的物體會浮在水面。

① 從春分到秋分

18

9

15

12

9

①

②

① 請參閱第25頁「一起來做日晷！」的內容。

② 請先拷貝這一頁，以複製頁製作日晷（建議放大拷貝一點五到兩倍）。

③ 從複製頁剪下①與②的時鐘面板，取大小相符的厚紙板，貼在正反兩面（黏貼時正反兩面下方的 12 要置於相同位置）。

④ 做好正反兩面都有時鐘面板的厚紙板後，請參閱第25頁內容，製作支撐日晷的底座。

② 從秋分到春分

6

18

9

15

12

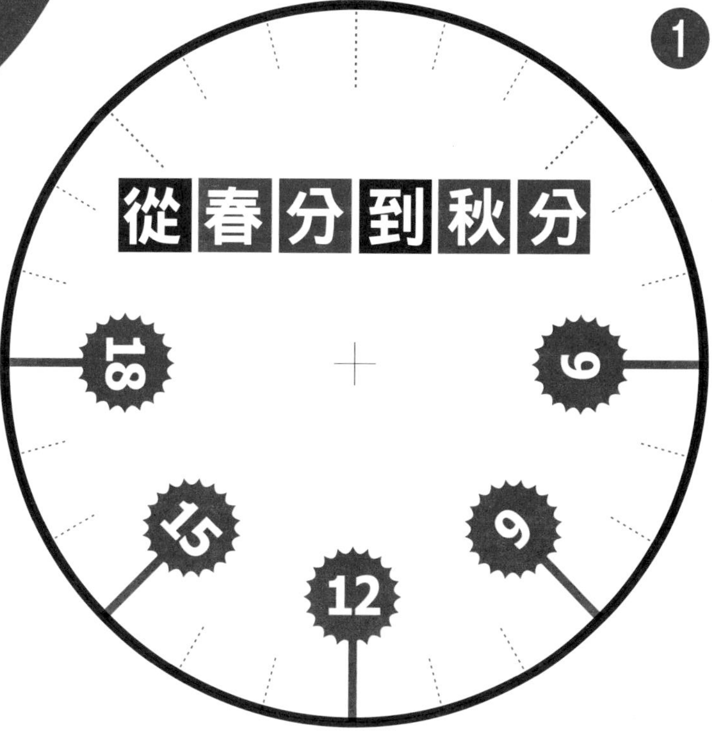

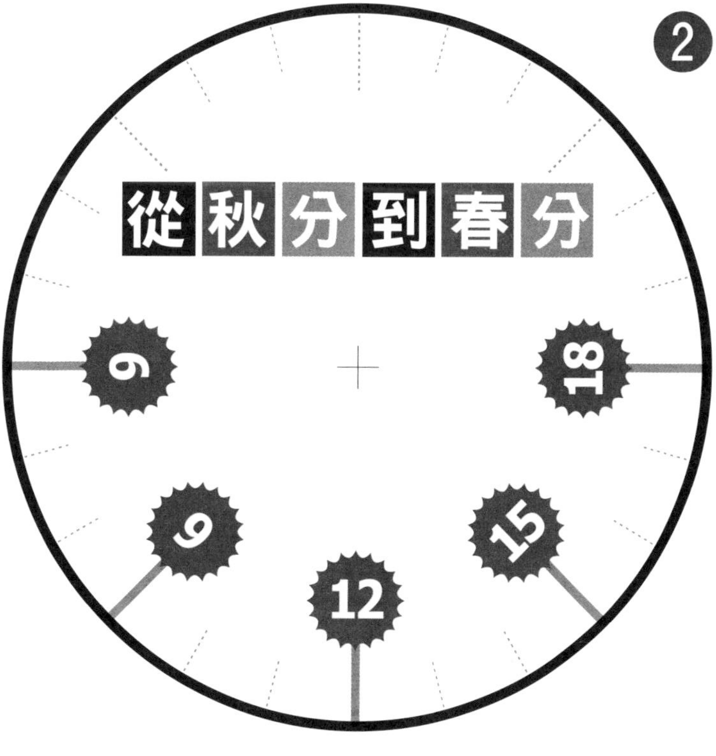

像哆啦Ａ夢這樣的機器貓，

是先有「我想做這樣的東西」，

然後「我們這樣子做看看」，接著「製作並試行」，

最後還有「我們改良讓它更好」，

研究者都是經過這樣不斷研究才完成的。

各位今後要做的自由研究，就是這樣的過程。

各位未來做自由研究得到的成果，

很可能成為研究者實際執行的研究創意，

也可能促使你長大後成為一位研究員。

十分期待各位的自由研究，交出令人喝采的成果！

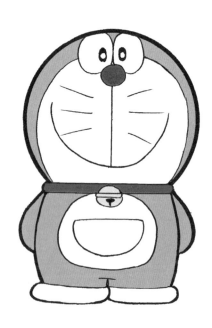

【結語】 研究始於察覺不可思議的事

與哆啦Ａ夢一起思考「自由研究」，各位有什麼感想呢？「研究」就是弄清楚自己不知道的事情。如果對身邊習以為常的事物或每天發生的事情感到不可思議，你就會開始研究。

即使是理所當然的事物，也能夠找到許多不可思議的地方。各位一定要時時問自己「為什麼」、「怎麼會這樣」，而且要積極思考，這一點很重要。這些理所當然的事物都有其理由與根據。各位千萬不能囫圇吞棗，務必自主思考，才能推動研究進展，釐清理由與根據。

自從學會使用語言和工具，人類就不斷研究，持續精進。這三人的努力，讓時代一步一步往前走。或許有一天，各位的創意與研究能幫助別人解決煩惱，使生活更便利。

衷心希望本書能助各位一臂之力，未來各位也要找到更多不可思議的事情，以自己的方式好好思考。

日本文部科學省教科調查官　村山哲哉

哆啦A夢學習大進擊③
自由研究創意盒

- ■角色原作／藤子・F・不二雄
- ■原書名／ドラえもんの理科おもしろ攻略——自由研究 アイディア集
- ■漫畫審訂／Fujiko Pro
- ■日文版內容審訂／村山哲哉（日本文部科學省教科調查官）
- ■漫畫／TAKAYA 健二
- ■日文版封面設計／橫山和忠
- ■日文版編輯／橫山英行（小學館）
- ■日文版編輯協作／山中謙司、成田惠、山本浩貴、山名正記、
  須賀昌俊、加藤久貴、川村貴弘
- ■翻譯／游韻馨

發行人／王榮文
出版發行／遠流出版事業股份有限公司
地址：104005 台北市中山北路一段 11 號 13 樓
電話：(02)2571-0297　傳真：(02)2571-0197　郵撥：0189456-1
著作權顧問／蕭雄淋律師

2023 年 11 月 1 日 初版一刷
定價／新台幣 350 元（缺頁或破損的書，請寄回更換）
有著作權・侵害必究 Printed in Taiwan
ISBN 978-626-361-268-6

遠流博識網 http://www.ylib.com　E-mail:ylib@ylib.com

◎日本小學館正式授權台灣中文版

- 發行所／台灣小學館股份有限公司
- 總經理／齋藤滿
- 產品經理／黃馨瑝
- 責任編輯／李宗幸
- 美術編輯／蘇彩金

國家圖書館出版品預行編目資料 (CIP)

自由研究創意盒 / 藤子・F・不二雄漫畫角色原作；日本小學館編
輯撰文；游韻馨翻譯 . -- 初版 . -- 臺北市：遠流出版事業有限
公司, 2023.11
　面；　公分 . -- (哆啦A夢學習大進擊；3)
譯自：ドラえもんの理科おもしろ攻略：自由研究 アイディア集
ISBN 978-626-361-268-6（平裝）

1.CST: 科學　2.CST: 研究方法

307.9　　　　　　　　　　　　　　　112015089

※ 本書為 2014 年日本小學館出版的《自由研究 アイディア集》台灣中文版，在台灣經重新審閱、編輯
後發行，因此少部分內容與日文版不同，特此聲明。